AF389808

BERTHOLLET

—

CHAPTAL

Gr. in-8°. 4° série.

BERTHOLLET

MADAME LA COMTESSE DROHOJOWSKA

née Symon de Latreiche.

LES SAVANTS MODERNES ET LEURS ŒUVRES

BERTHOLLET

CHAPTAL

OEUVRES DIVERSES

orné de 36 gravures.

LIBRAIRIE DE J. LEFORT

IMPRIMEUR ÉDITEUR

LILLE | PARIS

rue Charles de Muyssart, 24 | rue des Saints-Pères, 30

INTRODUCTION

« Indépendamment des ouvrages didactiques proprement dits, nous estimons qu'il importe de mettre entre les mains des jeunes gens des livres qui les initient de bonne heure aux méthodes des sciences d'observation, et développent en même temps chez eux l'esprit pratique. »

Le désir, ou plutôt le vœu, exprimé dans ces lignes, nous a suggéré le plan de la collection dont nous offrons les premiers volumes au lecteur, et que nous intitulons : *les Savants modernes et leurs œuvres.*

Faire mieux connaître les hommes remarquables auxquels les sciences doivent les merveilleux progrès qui ont signalé notre siècle et la fin du siècle dernier; reproduire, non pas des extraits amoindris et trop souvent retouchés de leurs œuvres, mais des parties entières et textuelles de leurs travaux; en un mot, montrer l'homme, sa méthode, ses découvertes et son style, tel est le but que nous nous proposons.

Après nous être occupé d'un certain nombre de naturalistes éminents et avoir entrevu, grâce à leurs travaux, l'ensemble et les détails principaux de la botanique et de la zoologie; après avoir reconstitué avec Cuvier quelques-unes des grandes lignes de la flore et de la faune des temps préhistoriques; après avoir accompagné Malte-Brun à travers le globe afin d'étudier avec lui les lois générales qui ont présidé à sa formation, et qui, en constituant les grandes divisions de la géographie physique, influent non seulement sur le climat, le sol, les productions des différentes régions, mais encore sur les animaux qui les habitent et même sur les races humaines qui y vivent, nous allons aborder aujourd'hui une autre branche des sciences physiques.

Avec Berthollet et Chaptal, c'est la chimie qui

va nous occuper ; non pas la chimie pure qu'il n'entre pas dans notre plan d'aborder — ce qui d'ailleurs serait hors de notre compétence, — mais la chimie appliquée aux arts ; c'est-à-dire cette lumière éclatante dont la fin du XVIIIᵉ siècle a eu l'honneur d'allumer le flambeau, et dont le XIXᵉ a su se servir si utilement pour faire progresser toutes les branches d'industrie déjà existantes, et pour en créer un grand nombre d'autres dont on ne soupçonnait même pas la possibilité.

Berthollet et Chaptal, les plus illustres parmi les premiers qui entrèrent dans cette voie, auraient eu, par cette préséance seule ; le droit d'ouvrir ce nouveau groupe. Ce n'est pas là toutefois le véritable motif qui a déterminé notre choix : l'utilité pratique de quelques-uns de leurs travaux — *la production du chlore et son emploi au blanchiment des toiles* pour le premier, et, pour Chaptal, *l'application de la chimie à l'agriculture* — constitue des services assez éminents rendus, non seulement à l'industrie, mais à la société tout entière, pour qu'il soit parfaitement juste, nous semble-t-il, de les placer en tête de ce que la chimie a fait depuis en faveur des arts.

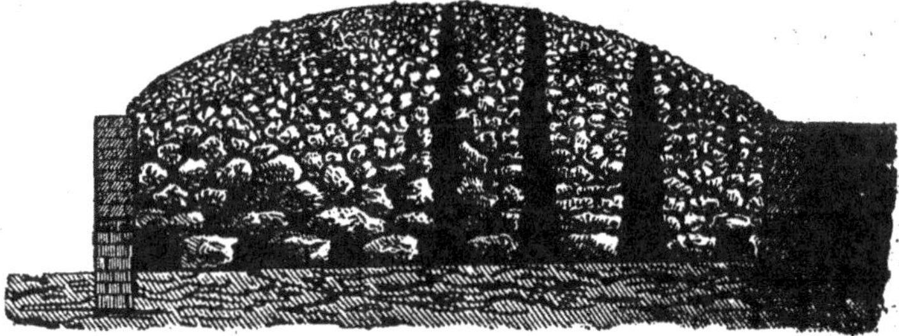

Extraction du soufre par la méthode du calcarone, méthode employée en Italie, et consistant à séparer, par voie de fusion, le soufre de la matière à laquelle il est naturellement uni. — La seconde figure représente une coupe verticale de la première.

CLAUDE-LOUIS BERTHOLLET

1748 — 1822.

I

é en Savoie en 1749, BERTHOLLET n'hérita de sa famille, ni de cette illustration qui fait connaître et recommande un jeune homme, ni de la fortune qui le met à l'abri des besoins; il sentit de bonne heure qu'il était destiné à ne rien attendre que de lui-même; et à l'exemple de Descartes et de Newton, il confia son avenir à l'impulsion de son génie et à la sagesse de sa conduite.

A peine eut-il terminé ses premières études à Turin que, pressentant ses forces et prévoyant ses destinées, il vint se fixer à Paris où il fut naturalisé Français.

A cette époque, une science toute nouvelle, quoique parée d'un nom fort ancien, s'annonçait pour faire connaître les lois immuables qui nous expliquent tous les phénomènes que nous présentent les opérations de la nature et des arts : l'analyse de l'air et de l'eau, la théorie de la chaleur, la découverte d'une infinité de corps et de leurs propriétés venaient de révéler aux savants le secret de l'action réciproque des éléments.

Le génie de Berthollet ne pouvait rester étranger à ce mouvement imprimé à la science. Macquer et Bucquet sont ses maîtres de prédilection. A cette savante école, son goût pour la chimie ne tarde pas à se transformer en une passion absorbante qui l'éloigne de plus en plus de la pratique médicale sur laquelle il comptait pour vivre.

Les difficultés pécuniaires le forcent cependant à prendre un parti, et il est sur le point de renoncer à ses chères études, afin de pouvoir concentrer tout son temps et tous ses efforts à se former une clientèle, lorsqu'une inspiration soudaine le porte à solliciter l'appui du genèvois Tronchin, comme lui naturalisé Français, et aussi célèbre par la part considérable qu'il avait prise à l'introduction et à l'extension en France de l'admirable découverte de Jenner, que par l'influence que lui assurait sa position de premier médecin du régent.

Séduit tout d'abord par le charmant et sympathique extérieur de son jeune protégé, Tronchin fut bientôt frappé de tout ce qui, en lui, promettait de sérieuses et brillantes destinées. Il parla de lui au duc d'Orléans, qui l'attacha à titre de médecin à Mme de Montesson; de plus, curieux comme il l'était de sciences et en particulier de chimie, le prince lui fit établir un laboratoire dans le palais même. Là, maître de son temps, Berthollet répète les expériences récentes de Priestley, de Scheele, de Lavoisier, et découvre des faits nouveaux.

Ses premiers pas dans la pratique scientifique sont ainsi marqués par des découvertes qui lui préparent les voies vers l'Académie des sciences, où quelques années plus tard, et très jeune encore, il devait être appelé à remplacer Bucquet.

Le célèbre Cavendish lui ayant fait connaître les principes constituants de l'acide nitrique, Berthollet lui envoya tout de suite, en réponse, l'analyse de l'ammoniaque. Ce prompt échange de deux découvertes très importantes entre deux savants illustres indique assez l'activité des travaux et la rapidité des succès qui caractérisent cette époque mémorable de la science chimique.

A mesure qu'ils le connaissaient mieux, Tronchin et le duc

NEWTON

d'Orléans appréciaient davantage le jeune savant et se plaisaient, tantôt à mettre en lumière sa renommée naissante, tantôt à lui fournir de nouvelles occasions d'étendre et de développer ses connaissances.

Nous devons à ce sujet mentionner la part que Berthollet prit à l'affaire du magnétisme animal, qui fit à cette époque tant de bruit.

« Le duc d'Orléans, raconte à ce sujet Jomard, voulant se mettre au fait des phénomènes attribués au magnétisme, l'avait chargé de les observer et de lui en rendre compte. Le chimiste se fit donc inscrire au nombre des auditeurs de Mesmer et de Deslon. Il suivit avec soin les expériences, et malheureusement pour la nouvelle doctrine, il y porta un regard investigateur, habitué à découvrir le vrai et à signaler l'erreur.

» Les disciples enthousiastes de Mesmer s'aperçurent de la dissidence, et, un jour, au milieu d'un banquet où les faux miracles du magnétisme étaient exaltés, Berthollet fut désigné comme un faux frère. Alors les convives, échauffés par l'esprit de secte, se portèrent à des voies de fait contre lui; ils s'apprêtaient à lui faire un mauvais parti, et des menaces ils se portaient déjà aux dernières violences, lorsque son ami, le marquis de Chatellux, parvint à le dégager. »

Ce fait nous a paru assez curieux pour être signalé ; il intéresse l'histoire de la science et peint un des côtés les plus caractéristiques du temps. Berthollet aimait à le raconter à ses amis, *et on peut en croire un homme de cette candeur.*

I

On voit que Cuvier a raison quand, dans l'éloge de Berthollet dont nous allons nous inspirer et reproduire les principaux passages, il fait observer que Tronchin n'aurait pu rien imaginer de mieux pour confirmer son jeune protégé dans les sciences que de le placer ainsi dans une maison où elles étaient héréditaires.

Le régent, en effet, avait travaillé personnellement aux expériences de chimie de Homberg ; son fils s'était beaucoup occupé de minéralogie, et Guettard, qui l'avait secondé, était demeuré attaché à sa personne. Ces exemples encourageaient Berthollet, dont l'assiduité et l'ardeur ne devaient pas se ralentir un seul jour pendant plus d'un demi-siècle de travaux et d'immenses services rendus à la science et à la France.

En effet, témoin des événements les plus surprenants, porté par eux dans des climats lointains, élevé à de grandes places et à des dignités éminentes, tout ce monde extérieur fut peu de chose pour lui en comparaison de la vérité, ou même d'une vérité scientifique. Académicien, sénateur, pair de France, il n'exista que pour méditer et découvrir.

Et la science dont il se fit ainsi le fervent disciple, le récompensa libéralement. Elle fit naître à chaque instant dans ses mains de ces procédés avantageux, de ces industries fructifiantes qui enrichissent les peuples. Toutefois, à l'inverse de Chaptal dont nous raconterons tout à l'heure la vie, ce n'est point pour ces applications qu'il la poursuit, c'est pour elle seule.

Dans l'invention la plus utile, il ne voit qu'un théorème de plus, et dans ce théorème, qu'un échelon d'où il s'efforce d'apercevoir et d'atteindre un théorème plus élevé. Les plus puissants motifs d'émulation qui puissent passionner une nature de la trempe de celle de Berthollet, se pressaient d'ailleurs autour de lui, de façon à tenir son génie sans cesse en haleine.

A l'époque où il entrait dans la carrière, venait de commencer, dans la chimie, l'espèce de fermentation qui en a changé le système et le langage. Lavoisier, excité par des observations nouvelles sur les airs, et les rapprochant de faits anciennement constatés sur les calcinations que l'école de Bontemps avait presque mis en oubli, s'était convaincu de la nécessité d'abandonner la théorie dominante. Il en cherchait une meilleure avec cette inquiétude naturelle à un esprit dont le caractère distinctif est de vouloir se rendre clairement compte de chaque chose.

Recueillant soigneusement les nouveaux faits, s'efforçant d'en multiplier le nombre par ses propres travaux, Berthollet dirigeait surtout son attention vers ceux à l'aide desquels il espérait ouvrir quelque issue au labyrinthe où les chimistes s'étaient enfoncés.

Enfin, en 1775, il saisit presque subitement, dans quelques expériences de Bayen et de Priestley, le point précis que depuis longtemps il cherchait et que ces laborieux opérateurs n'apercevaient pas eux-mêmes. Alors il prononça contre le phlogistique de Stahl un arrêt irrévocable. Toutefois, sa conversion complète; c'est-à-dire sa pleine adhésion au système formulé par Lavoisier, ne date que de 1785.

Ainsi, remarque digne d'être consignée, il fallut dix années à Lavoisier pour ramener à lui, même dans ce que sa doctrine avait d'incontestable, un des hommes les plus dignes de l'entendre. Berthollet, du reste, par une sorte de talion, devait éprouver un sort semblable.

Ayant reconnu, en 1787, que l'acide prussique ne contenait point d'oxygène, ce qui démontrait que l'oxygène n'est pas le principe nécessaire de l'acide, comme on l'avait admis, il vit les esprits dominés par la nouvelle théorie, devenue déjà despotique, se refuser à admettre cette vérité.

Un nouveau travail, fait neuf ans après sur l'hydrogène sulfuré, ne suffit point à les convaincre, et il ne fallut rien moins que les belles expériences de Thenard et de Gay-Lussac, les vues élevées d'Ampère et toute la force de logique de Davy, pour que l'on permît à la chimie de faire ce nouveau pas.

De pareils exemples doivent consoler bien des amours-propres. Ce qui serait surtout à désirer, c'est que les corps savants se missent en garde contre ces sortes de résistances naturelles à l'esprit humain, qui sans doute ont été utiles quelquefois, mais qui, le plus souvent, ont opposé aux progrès des sciences et à la diffusion des bonnes méthodes, des obstacles plus durables que ceux dont nous venons de parler.

Berthollet était Académicien avant cette époque. Il avait été élu en 1780, ainsi que nous l'avons dit, à la place de Bucquet, et de préférence à Fourcroy, à Quatremère et à plusieurs autres concurrents qui y entrèrent plus tard.

Il avait eu moins de succès dans un autre concours : Buffon, en 1784, lui avait préféré Fourcroy pour la chaire vacante au Jardin du roi, par la mort de Macquer. Quoi qu'il en soit des critiques soulevées par cet incident au moment où il se produisit et plusieurs fois réveillées depuis, Buffon et l'Académie firent également ce qu'ils devaient faire.

Berthollet fut porté à l'Académie parce qu'il enrichissait la science par des recherches profondes ; et Fourcroy fut nommé professeur, parce que le charme inexprimable attaché à son éloquence le rendait particulièrement propre à en inspirer le goût et à en propager l'étude.

Ce sont vraiment ces leçons continues et multipliées pendant trente ans, suivies par des milliers d'auditeurs, qui ont rendu la chimie populaire. Berthollet, peu méthodique dans ses mémoires, peu disposé à se mettre à la portée des commençants, et qui n'avait aucune facilité à parler, la servait admirablement dans son laboratoire, mais ne l'aurait jamais répandue. On en eut, du reste, la preuve en 1795, lorsqu'il fut chargé de l'enseigner à l'école normale. Le respect que cette grande assemblée portait à son génie, ne put faire illusion sur l'obscurité et le peu d'ordre de ses expositions ; on eût dit que, toujours maître de sa matière, pouvant à volonté la prendre par tous ses points, il supposait dans ses auditeurs la même capacité ; et c'est toujours de la supposition contraire qu'un professeur doit partir.

Cependant Berthollet obtint une des places qu'occupait Macquer, celle de commissaire du gouvernement pour les teintures, et, en cela encore, justice fut faite et un grand service fut rendu à l'industrie. Il s'occupa aussitôt d'appliquer au perfectionnement de cet art, les progrès récents de la chimie, et, dès son début, il l'enrichit d'un procédé dont les avantages ont été incalculables.

Scheele avait observé que l'acide muriatique déphlogistiqué, comme on le nommait alors, ou le chlore des chimistes d'aujourd'hui, jouit de la propriété de détruire les couleurs végétales. Berthollet pensa à tirer parti de cette expérience pour le blanchiment des toiles, en y appliquant simplement cet acide. La toile blanchit à la vérité, mais sa blancheur ne se conserva point. Il dut donc se livrer à des études et à des expériences plus approfondies.

Nous laissons à l'auteur de cette importante découverte le soin d'en exposer lui-même les détails et les avantages (1).

III

Non seulement l'emploi du chlore pour blanchir les étoffes, entra d'emblée dans la pratique industrielle, mais il devint tellement populaire, qu'il introduisit de nouveaux mots dans le langage usuel. Personne n'ignora bientôt ce qu'il fallait entendre par une blanchisserie Bertholienne, et, dans les ateliers, *bertholer*, *bertholage* se dirent pour exprimer l'action du blanchissage par la méthode *bertholienne*; enfin, toute une catégorie d'ouvriers spéciaux fut désignée sous le nom de *bertholeurs*.

Est-il possible d'imaginer une manière de mettre plus authentiquement le sceau au mérite d'une découverte?

(1) Voir plus loin : *Description du blanchiment, etc.*

Ce fut, du reste, la seule récompense qu'en tira l'auteur, et il n'en désira point d'autre. Toujours indifférent à ce qui n'était pas la science elle-même, il ne consentit même pas à prendre d'intérêts dans les fabriques élevées sur ses découvertes. Les Anglais, qui furent des premiers à les mettre en usage, voulurent lui marquer leur reconnaissance par de beaux présents. Tout ce qu'il accepta fut un morceau de toile blanchie par son procédé.

En 1790, Berthollet réunit toutes ses recherches sur la teinture en un ouvrage élémentaire en deux volumes. Il y offre une théorie générale des principes de cet art. La doctrine des matières colorantes et de toutes les modifications qu'on peut leur faire subir, celle des mordants nécessaires pour les fixer, y sont exposées en détail ; ce que l'on connaissait de plus avantageux alors y est expliqué, et, ce qui vaut mieux encore, on y trouve les idées qui devaient conduire à découvrir des pratiques plus simples ou plus efficaces.

Ce livre devint bien vite le manuel de tous ceux qui pratiquent l'art qu'il enseigne ; pour en apprécier l'immense succès et les précieux effets, il suffit de dire que l'Asie, qui seule nous envoyait auparavant des toiles bien colorées, s'en appropria les notions aussitôt qu'elle les connut.

IV

En étudiant sous toutes ses faces ce chlore, cet acide muriatique déphlogistiqué ou oxygéné dont il avait fait l'agent puissant du blanchiment, Berthollet fit une découverte très remarquable, celle d'un acide qu'il appela *acide muriatique suroxygéné ;* c'est *l'acide chlorique* de nos chimistes actuels, mêlé à un corps combustible. Ces sels détonnent bien plus fortement que le nitre, bien plus aisément aussi, car il suffit de les frapper légèrement pour les faire éclater. On proposa d'en substituer au nitre dans la composition de la poudre, mais on reconnut que cette poudre serait tout aussi dangereuse, et peut-être même plus dangereuse pour ceux qui auraient à l'employer que pour l'ennemi. La première fois qu'on essaya d'en fabriquer à Essonnes, le choc du pilon la fit éclater, le moulin sauta, et cinq personnes furent victimes de cet essai, qu'on n'osa pas renouveler.

Une autre composition fulminante avait déjà été découverte par Berthollet. C'était l'argent fulminant qui s'était offert à lui pendant ses recherches sur l'acide volatil, et qu'il avait fait connaître en 1788.

Depuis longtemps on possédait l'or fulminant, qu'une légère chaleur fait éclater avec fracas; mais il n'approche pas de l'argent fulminant. Sur celui-ci, le plus petit contact produit une détonation épouvantable. Une fois la préparation faite, on est presque condamné à n'y plus toucher. Le moindre grain resté dans un vase peut tuer celui qui le frotterait, et cependant on n'a pas laissé que de tirer partie d'une composition imitée de celle-là, le mercure fulminant d'Howard, que l'on emploie à amorcer les fusils de chasse (1).

Lorsque survinrent les guerres de la république, ces phénomènes singuliers, ces applications de la science à la pratique avaient fait de Berthollet le chimiste le plus populaire après Lavoisier. Il était donc tout naturel qu'on eût recours à lui au moment où la chimie devint aussi bien pour la guerre

---

(1) Depuis l'époque où Cuvier appréciait ainsi les découvertes de Berthollet, le progrès des arts et, par suite, la nécessité où s'est trouvée la science de leur fournir de plus puissants moyens d'action, ont donné naissance à des fulminants non moins redoutables, bien que d'un usage plus facile; nous ne citerons que la nitroglycérine et surtout la dynamite, dont le nom et l'emploi menacent de jouer un rôle si considérable et si effrayant dans les querelles politiques et dans les compétitions sociales de notre temps.

que pour l'industrie un auxiliaire de première nécessité ; c'est-
à-dire lorsqu'il fallut demander à notre sol le soufre, le salpêtre, la potasse et jusqu'aux matières colorantes, qu'on ne
pouvait plus tirer de l'étranger, et qu'il fallut apprendre à
faire en quelques jours toutes les opérations des arts.

On n'oubliera jamais cette prodigieuse et subite activité qui
étonna l'Europe et arracha des éloges même aux ennemis
qu'elle arrêta. Berthollet, son ami Monge, à qui vint bientôt
s'unir Chaptal, en furent l'âme.

C'était d'après leurs conceptions que cet immense mouvement était dirigé. Les chimistes que l'on chargeait des
essais devenus nécessaires pour tant de procédés nouveaux,
ne travaillaient que sur leurs indications, et l'on dit que s'ils
avaient voulu utiliser tous les secrets qui s'offrirent à eux,
des moyens destructifs plus intenses que ceux que l'on possède
seraient sortis de leurs laboratoires (1).

Il ne faut pas croire, du reste, que l'emploi de ces sortes
d'inventions soit aussi nuisible à l'humanité que leurs effets
sont effrayants. Il faut reconnaître, au contraire, que la
science, en donnant ce genre de défense aux peuples modernes, est l'égide la plus puissante de la civilisation. Non
seulement, ce n'est que depuis qu'elle est devenue un des
éléments essentiels de l'art de la guerre que la science
peut compter sur la protection de tous les gouvernements ;
mais quelque paradoxale que l'assertion puisse paraître, il
serait aisé de prouver que les moyens de destruction que
la science fournit, en rendant les combats plus décisifs, ont

(1) Les moyens destructifs employés alors ont été singulièrement
développés et multipliés depuis ; ce qui n'a pas empêché le même fait de
se reproduire lors de la guerre de 1870-1871. On sait avec quelle ardeur
et quel talent nos grands chimistes et nos célèbres physiciens se sont
occupés, pendant cette douloureuse période, des moyens de défense
nationale, tant sous le rapport des munitions de guerre que sous celui
de l'alimentation (siège de Paris). En outre des moyens dont on s'est
servi, ces travaux ont amené la découverte d'engins de destruction que,
par humanité, on s'est abstenu d'employer.

rendu les guerres moins fréquentes, moins longues, moins meurtrières.

Pour Berthollet, ce qu'il voyait surtout dans ces développements extraordinaires de l'industrie humaine excitée par les plus grands intérêts, c'étaient des expériences chimiques faites sur une plus grande échelle.

Il avançait ainsi dans sa grande théorie des affinités qui se développa tout à fait dans son esprit, lorsque l'Egypte, dans le même ordre d'idées qui l'occupait, lui offrit des phénomènes encore plus caractérisés.

Nous allons laisser à un des historiens les plus compétents de cette expédition qui fut à la fois un grand fait politique et militaire, et une des explorations scientifiques les plus considérables qui aient jamais été accomplies, le soin de faire connaître la part qu'y prit Berthollet.

M. Jomard, membre de l'Institut d'Egypte, à qui fut confié, au retour de l'expédition, le soin d'en réunir les matériaux et d'en exposer les résultats, s'exprime ainsi à ce sujet, dans sa notice sur Berthollet (1), non seulement sur la campagne d'Egypte, mais sur la mission remplie dans un même but scientifique et artistique en Italie par le grand chimiste.

« En 1795, dit-il, on établit un Institut national destiné à succéder aux anciennes Académies ; Berthollet fut inscrit un des premiers sur la liste. L'année suivante, il partit avec Monge pour l'Italie, chargé d'une mission délicate autant qu'honorable : il devait présider au choix et au transport des chefs-d'œuvre des arts, trésors que la victoire avait conquis à la France et dont les traités lui assuraient la possession.

» Rien ne fut épargné pour réussir dans cette opération difficile, aucune précaution ne fut négligée pour la conservation des statues antiques et des tableaux modernes. Les plus précieux de ces derniers, les plus beaux ouvrages de

(1) Publiée à Annecy en 1844.

Raphaël et du Titien : la *Transfiguration*, la *Vierge de Foligno*, le *Martyre de saint Pierre*, étaient arrivés à un état effrayant de dégradation ; une industrie ingénieuse et infatigable vint à bout de toutes les difficultés ; et plus tard Paris vit arriver dans ses murs les œuvres de la statuaire grecque parfaitement intactes et les peintures anciennes dans tout leur éclat primitif.

» Quel spectacle que l'entrée de ces monuments des plus grandes époques de l'art dans la nouvelle Athènes ! Quel

Charrue orientale.

enthousiasme dans tous les esprits devant ces magnifiques trophées, à la vue de ces modèles faits pour enflammer l'émulation de l'école française, et auxquels nous devons peut-être, autant qu'aux leçons de l'auteur des *Horaces*, les quatre grands peintres qu'il a formés. Or c'est aux soins multipliés de Berthollet, de Monge et de leurs collègues qu'on est redevable de ce succès. Il suffirait seul à les immortaliser. A peine ferai-je mention de l'intégrité qui brilla dans leur conduite pendant cette mission. Berthollet eut sous sa garde de grands dépôts d'argent ; à qui pouvait-on mieux les confier ?

» Après le traité de Campo-Formio, le vainqueur de l'Italie, de retour à Paris, voulut connaître les prodiges de la chimie moderne, et c'est à Berthollet qu'il s'adressa pour s'instruire des progrès de cette science; il reçut ses leçons à l'Ecole polytechnique; les disciples de Berthollet n'ont jamais cessé de s'en souvenir avec un vif intérêt. La victoire s'inclinait ainsi devant la science; les lauriers du triomphateur étaient offerts en hommage au savant simple et modeste.

» Ce moment décida de la destinée de l'un et de l'autre, en même temps qu'elle fixait celle de Monge et de plusieurs de ses collègues et amis. C'est alors, en effet, que fut résolue cette expédition mémorable, jugée si diversement au point de vue de son origine et de son but politique, mais universellement approuvée sous le rapport des sciences.

» Il fut arrêté qu'une commission de savants et d'artistes, présidée par Monge et Berthollet, serait adjointe à l'armée d'Egypte. Tous les géomètres et les ingénieurs furent choisis parmi les professeurs et les anciens élèves de l'Ecole polytechnique; on y joignit des astronomes, des mécaniciens, des physiciens, des médecins, des naturalistes, des littérateurs, des peintres, des architectes et enfin tout le matériel et le personnel d'une imprimerie française et orientale.

» Ce n'est pas ici le lieu de faire le tableau de l'expédition, de montrer ses préparatifs, ses succès, son issue, ses résultats; mais on peut dire que Monge et Berthollet en étaient l'âme, et que leurs élèves, en se livrant à l'étude et à la description du pays, y firent une grande et belle application des leçons de l'Ecole polytechnique, surtout de la géométrie descriptive.

» A peine l'armée fut-elle établie qu'on organisa l'Institut d'Egypte et qu'il commença ses travaux (22 août 1798). Il fallut pourvoir à une multitude de besoins; tout manquait à la fois. Jamais la science n'avait été appelée à donner une preuve plus éclatante de son utilité. Conté surtout s'illustra par son génie inventif.

» C'était, pour le premier chimiste de l'Europe, une circons-

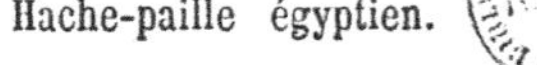

Hache-paille égyptien.

tance singulière que les événements l'eussent transporté, à cinquante ans, en Afrique, précisément dans le pays qui avait été jadis le berceau de la chimie, et dont le nom même ne fait qu'un avec celui de cette science. Un tel rapprochement ne fut pas sans fruits : Berthollet n'y trouva plus ni science, ni tradition ; les barbares avaient succédé partout aux observateurs de la nature ; mais le ciel, le sol n'avaient pas changé. Il pouvait encore découvrir les lois des phénomènes qui régissent le climat de cette contrée singulière, et il fit, en effet, d'importantes découvertes. L'agriculture attira particulièrement l'attention des membres de l'expédition : toutes les méthodes décrites par les anciens historiens y étaient en vigueur : chars, batteuses, attelages, types physiques, on pouvait se croire reporté de vingt siècles en arrière.

» Au débarquement de l'armée, Berthollet fut nommé commissaire pour l'évaluation des monnaies d'Egypte. Il s'embarqua ensuite avec Monge sur la flottille chargée de remonter le Nil, et de protéger les opérations de terre.

» Les Mameluks et les Arabes, échelonnés sur le rivage, tiraient continuellement sur les barques françaises. A la bataille de Chebreïs, la flotte seconda puissamment et contribua au succès ; la victoire fut décisive. Pendant l'action, Berthollet remplissait de pierres les poches de ses habits ; on lui en demanda la raison : « C'est, dit-il, pour aller au fond » de l'eau, et éviter ainsi à mon cadavre les mutilations et » les outrages que les Mameluks font subir aux corps de leurs » ennemis. »

» Berthollet, heureusement pour la science, avait pris un soin inutile. Il ne fut pas tué, et, après avoir partagé toutes les fatigues de l'armée, dans la marche d'Alexandrie au Caire, il assista à la bataille des Pyramides.

» A peine arrivé au Caire (en juillet 1798), on lui donna aussitôt une mission de confiance : on le chargea avec Monge d'inventorier les biens des Mameluks. Ce fut pour lui une nouvelle occasion de déployer son intégrité ; celle de ses élèves chargés avec lui des mêmes soins, investis de la même confiance, ne fut pas moins digne d'éloges.

» Berthollet avait rempli à Malte, au mois de juin, la même commission avec la même délicatesse. Il avait été chargé avec Monge de vérifier l'école des monnaies, l'église Saint-Jean et les dépôts de diamants. Au Caire, il eut à diriger l'apposition et la levée des scellés sur les caisses publiques, le recouvrement des contributions, à veiller à la conservation des propriétés et des magasins publics. Sa vigilance et celle de Monge firent découvrir et soustraire à la spoliation des ressources précieuses pour l'expédition. Un mois après, ils firent inventorier et estimer ces objets par les gens du pays, pour être, les uns vendus, les autres donnés en présents aux principaux personnages du Caire ou envoyés en France. Enfin, on frappa monnaie avec les matières d'or et d'argent qui en étaient susceptibles. Ces commissions délicates ne pouvaient être confiées à des mains plus pures.

» Mais c'est lors de la révolte qui éclata au Caire, au mois d'octobre 1799, que Berthollet donna la plus grande preuve de son dévouement et de sa présence d'esprit. On sait que l'insurrection fut générale ; outre une immense population qui s'était armée subitement (1), les Arabes du voisinage étaient arrivés par milliers : deux à trois cents Français furent égorgés dans les rues ou dans leurs maisons.

» L'auteur de cette notice (Jomard), peu d'instants avant le signal de l'insurrection, se rendait chez le général Caffarelli avec le chef des ingénieurs géographes, directeur du cadastre. Une circonstance fortuite les sépara, et l'ingénieur trouva la mort dans la maison du général, où un grand nombre de Français furent massacrés. Trois autres membres du corps des ponts et chaussées périrent dans ces cruelles et terribles journées.

(1) Le Caire comptait alors environ 250,000 habitants. Cette ville en possède aujourd'hui 300,000 environ.

» Isolée à une extrémité de la ville et loin des casernes, assiégée par les habitants des quartiers voisins, la maison

Répression d'une révolte au Caire.

de l'Institut égyptien fut, pendant deux jours, menacée de l'assaut. Dans cette position critique, ayant la garde des livres et des instruments, sans secours, sans nouvelle du général en chef, les membres de la commission des sciences étaient divisés d'opinion sur le parti à prendre. Berthollet et Monge furent d'avis de défendre le dépôt confié à l'Institut, plutôt que de l'abandonner aux barbares en se retirant au quartier général.

» Après deux jours et une nuit d'anxiété, les secours arrivèrent, et tout fut sauvé, grâce au courage et à la fermeté des deux chefs de l'expédition scientifique. . . . . .

. . . .

» Depuis un temps immémorial, on exploite en grand, dans les déserts de la Lybie, un carbonate de soude naturel, objet d'un commerce très étendu. Les anciens s'en servaient pour les arts chimiques et pour les embaumements. Bien que tous les ans on l'extraie, par grandes masses, des lacs de Natroun, il se reproduit sans cesse, et la mine est toujours aussi abondante. Berthollet voulut étudier ce fait chimique sur les lieux, et, avec le général Andréossy et M. Fourier, secrétaire perpétuel de l'Institut, il entreprit un voyage exprès dans le désert.

» Le voyage eut lieu du 28 nivôse, an VII, au 10 pluviôse. On alla par eau jusqu'à Terraneh, de là à cheval jusqu'au monastère. La caravane et son escorte, qui était de soixante hommes à pied et de vingt cavaliers arabes, revinrent à Gyzeh par le désert.

» Pendant cette course, qui n'était pas sans danger, ils furent exposés à des alertes fréquentes. MM. Régnault, chimiste, Redoute, peintre, et Duchanoy, ingénieur, étaient de l'expédition. Berthollet reconnut dans ce voyage que la couleur rouge des lacs est due à une substance végéto-animale, qui brûle en répandant des vapeurs ammoniacales.

» Divers chimistes avaient déjà proposé de décomposer le sel marin pour en extraire la soude; mais ce n'est que depuis l'expédition d'Egypte que cette grande application de la chimie aux arts s'est étendue et a prospéré.

» C'est qu'à son arrivée aux lacs de Natroun, Berthollet avait trouvé l'explication du phénomène. Il avait reconnu qu'il se fait un échange d'acides et de bases entre le sel marin, si abondant à la surface de toute l'Egypte et des déserts voisins, et le carbonate calcaire, qui compose la montagne libyque.

» A son retour au Caire, il lut un mémoire sur cette décomposition spontanée du nitrate de soude par l'action du carbonate de chaux, et il exposa les avantages qu'on pourrait tirer d'une exploitation mieux dirigée et mieux conçue.

» Les séances de l'Institut du Caire étaient souvent remplies par des communications, des mémoires et des rapports de Berthollet sur les travaux les plus utiles à l'établissement de l'armée. Il s'occupa de la fabrication du pain et de la bière, de celle de la poudre à canon, de celle des substances colorantes appliquées sur le lin, la laine et le coton, telles que le henné (le *cyprus* des anciens), le carthame et l'indigo; du travail du fer et de l'acier; de la création d'un hospice civil et d'un jardin botanique; des moyens de clarifier et de rafraîchir l'eau du Nil, et des qualités chimiques de cette eau. Enfin, au milieu de l'agitation des événements militaires, il trouva le loisir de s'occuper aussi de la théorie de la science, et il lui fit faire des pas nouveaux.

» Comme s'il eût été dans le laboratoire du Palais-Royal, il méditait tranquillement sur les questions les plus ardues. C'est là qu'il jeta les fondements de la statique chimique. Il observa l'action endiométrique du phosphore et des sulfures alcalins, et il démontra que l'ammoniaque se forme dans plusieurs circonstances où on ne l'avait pas soupçonné.

» Une expédition fut organisée pour l'isthme de Suez et la presqu'île de Sinaï. Berthollet et Monge voulurent en faire partie; le général en chef la commandait en personne. Il s'agissait de visiter les lieux célèbres dans l'histoire et importants pour la géographie, surtout de reconnaître, s'ils existaient, les vestiges du canal des deux mers.

» On partit le 24 décembre 1798; quatre jours après, on entrait dans le lit même du fameux canal! L'honneur de la découverte appartient au général Bonaparte. Ce fut lui qui le reconnut le premier et qui appela Monge aussitôt pour l'en faire juge. Il ne s'était pas trompé, et bientôt les ingénieurs des ponts et chaussées s'en assurèrent par une reconnaissance exacte et un nivellement géométrique.

» Cette excursion fut intéressante par un événement non prévu et qui aurait pu l'être : le général, en traversant le lit de la mer Rouge, à marée basse, fut surpris par la marée montante et faillit être submergé, ce qui serait arrivé sans un prompt secours. On continua à marcher sur la côte asiatique, on visita les *fontaines de Moïse*, et on revint, le huitième jour, au Caire.

» Berthollet et Monge étaient consultés dans toutes les entreprises et pour toutes les fondations utiles. Ils délibéraient avec les notables sur la réunion des divans, sur la législation civile et criminelle, sur l'établissement et la répartition des impôts. Ils avaient été, dès le commencement, nommés commissaires près le divan général de l'Egypte, conseil composé des notables appelés de toutes les provinces.

» Comme les deux amis ne se quittaient pas et qu'on était habitué à ne pas séparer leurs noms, bien des gens dans l'armée croyaient que ces noms appartenaient à un seul et même individu, ce qui donna lieu quelquefois à de singulières équivoques.

» C'est ainsi, par exemple, que, fatigués de courir dans le désert, nos soldats s'écriaient un jour : « *C'est ce maudit* » *savant* de Monge-Berthollet qui nous a amenés en Egypte ; » il s'en tirera *lui*, mais nous, comment en sortir? »

» La guerre de Syrie éclata. L'approche du grand visir, à la tête d'une armée nombreuse, obligeait le général français

Il s'agissait de reconnaître, s'ils existaient, les vestiges du canal des deux mers.

à prendre l'offensive. Il fallait déployer un appareil de force qui effrayât l'ennemi au dehors et les mécontents à l'intérieur, les Mameluks surtout, qui, si constamment indociles envers la Porte, étaient devenus ses auxiliaires et ses agents nécessaires. L'intérêt commun ralliait, en cette occasion, les maîtres et les esclaves.

» Bonaparte emmena en Syrie l'élite de son armée. Monge et Berthollet le suivirent. Le commencement de l'expédition fut une suite de triomphes; mais la résistance opiniâtre de Saint-Jean-d'Acre, le fléau de la peste et la coopération inattendue des forces navales britanniques rendirent cette campagne funeste. Des hommes précieux pour l'expédition périrent dans les assauts et dans les engagements journaliers. La perte la plus sensible fut celle du général du génie Caffarelli, qui, en cette qualité, avait pris la plus grande part à l'expédition scientifique et littéraire. Berthollet personnellement fut profondément frappé par cette mort, qui enlevait à la commission des arts et des sciences un appui et un collaborateur que son caractère, son savoir et ses qualités à la fois sérieuses et brillantes rendaient si utile (1).

» Mais une perte bien autrement grave pour les intérêts de la science faillit marquer encore ce siège tristement mémorable : Monge, vaincu enfin par le climat, les fatigues et les privations, tomba gravement malade d'une fièvre intermittente accompagnée de dysenterie, qui le mit deux fois à la porte du tombeau et tint longtemps sa vie en danger.

» Bonaparte et ses officiers, Berthollet et tous ceux des membres de la commission qui suivaient l'armée, étaient désespérés ; les soldats eux-mêmes se sentaient comme terrifiés en apprenant qu'un de ceux sur lesquels ils comptaient pour leur aplanir les obstacles et éloigner d'eux la maladie,

(1) Le général Bon, le colonel du génie Say et quelques autres officiers aussi instruits que vaillants, périrent également devant Saint-Jean-d'Acre.

était sur le point d'y succomber lui-même. L'opinion générale était qu'il fallait à tout prix transporter le malade à Nazareth, où il respirerait un air plus pur et où de meilleurs soins pourraient lui être prodigués.

» Le général en chef et Berthollet lui-même, malgré le vif désir de celui-ci de ne se décharger sur personne des soins à donner à son ami, partageaient cet avis. Monge allait partir. Desgenettes, médecin en chef de l'armée, intervint. L'illustre malade, affirma-t-il, ne supporterait pas le transport ; si on l'emmenait il serait irrévocablement perdu. A une autorité si haute, on ne pouvait que céder. Monge resta au camp.

» Ce fut une nouvelle occasion pour Berthollet de déployer toute la noblesse et toute la générosité de son caractère. Partageant avec Monge la même tente, ni de nuit, ni de jour il ne le quittait, et on peut dire littéralement que, luttant sans relâche contre le terrible mal, il le faisait reculer pas à pas. Enfin, après trois semaines d'alarmes, pendant lesquelles Desgenettes l'assista de son expérience et de son dévouement, la maladie fut vaincue, et Monge rendu à l'expédition et aux sciences.

» Le retour en Egypte fut des plus pénibles ; on donna aux blessés et aux malades tous les chevaux disponibles. Bonaparte fit mettre pied à terre à tous les officiers valides, y compris les généraux, et lui-même donna l'exemple.

» Berthollet, lui aussi, traversa tout le grand désert à pied, et tandis qu'autour de lui chacun semblait prêt à céder à la fatigue, et n'avait plus d'esprit de calcul que pour compter les heures de cette marche douloureuse, on le voyait relever avec soin tout ce qui, sur son passage, se rattachait à ses chères études, et utiliser ainsi, selon l'habitude de toute sa vie, jusqu'aux moments d'épreuves et de souffrances personnelles au profit de la science.

» Peu de temps après le retour de l'armée au Caire,

Bataille de Saint-Jean-d'Acre (1799).

Bonaparte s'occupa d'organiser le voyage de la commission des sciences dans la Haute-Egypte. La vue du riche portefeuille que Denon en avait rapporté électrisait les esprits ; chacun éprouvait le plus ardent désir d'explorer la Thébaïde. Berthollet s'était promis autant de joie que de profit de ce voyage de découvertes ; sur le point de l'accomplir, il dut y renoncer. Au moment même, en effet, où les artistes et les ingénieurs se disposaient à remonter le Nil jusqu'aux cataractes, il devait avec Monge (1) faire voile pour la France. Le général en chef ne pouvait se séparer de ces deux savants illustres dont il avait, sans doute à regret, exposé les jours précieux dans une région lointaine, au milieu des hasards de la guerre et du danger des terribles maladies endémiques de ces régions.

» On sait dans quelles circonstances s'accomplit le départ de Bonaparte de cette terre où il avait débarqué avec tant d'espérances, et où il laissait tant d'illusions perdues !

» A l'entrée de la nuit du 17 août 1799, les deux chefs de l'expédition scientifique furent prévenus que la voiture du général en chef les attendait à la porte de l'Institut. Des soupçons vagues s'étaient répandus parmi leurs compagnons de voyage, mais on ne parlait que d'une excursion dans le Delta. Quoi qu'il en soit, les adieux des deux savants et de leurs collègues furent à la fois des plus intéressants et des plus dramatiques. La commission formait une vraie famille qui ne pouvait voir, sans un véritable et profond déchirement, deux de ses membres se détacher d'elle, juste au moment où allait s'ouvrir une ère de fatigues, de périls nouveaux, mais aussi d'une gloire immortelle pour ceux qui attacheraient leurs noms aux travaux que tous rêvaient d'accomplir. Et ces deux membres enlevés à la mission qu'ils avaient préparée avec tant d'amour, n'éprouvaient pas des regrets moins vifs.

» Cette émotion ne s'était pas calmée, lorsque, le surlendemain,

(1) Deux autres des membres de l'Institut d'Egypte seulement, Denon et Parseval-Grandmaison, rentrèrent en France avec Bonaparte.

les voyageurs, partagés en deux commissions que présidaient MM. Fourier et Costaz, partirent pour la Haute-Egypte. Ils étaient déjà aux cataractes de Syène et au delà de l'Egypte, quand ils apprirent le départ d'Alexandrie, qui avait eu lieu le 22 août. Il ne fallait rien moins que l'immense dévouement aux sciences dont ils étaient pénétrés pour leur faire oublier leur isolement.... »

Nous avons dit déjà que cette expédition dont nous venons d'esquisser les parties auxquelles se rattache la personnalité de Berthollet, avait, dans ses jours les plus difficiles, mis plus en relief que jamais les aimables et rares qualités de l'illustre savant. M. Jomard fait de ces qualités le tableau suivant :

« Pendant son séjour en Egypte, Berthollet, dit-il, se montra constamment insensible aux privations et à la fatigue. Content de tout, ne se plaignant jamais de rien, on eût dit qu'il jouissait de tous les agréments de la vie d'Europe. Sa simplicité était extrême ; affable, prévenant pour les jeunes chimistes de l'expédition, il les admettait dans son laboratoire et leur prodiguait ses soins et ses leçons. Il parlait souvent d'étendre le plan de l'Institut d'Egypte, et d'en faire, par la suite, une nouvelle école d'Alexandrie. Ces sentiments pour ses anciens collègues et élèves ne se démentirent point après son retour en France ; lorsqu'ils eurent formé le projet de publier un ouvrage général qui rassemblerait, en un seul faisceau, toutes les recherches qu'ils avaient faites pendant le voyage, il contribua beaucoup à déterminer le gouvernement à accorder les moyens nécessaires à l'exécution de cette entreprise. Depuis, au sein des dignités politiques, parvenu à l'apogée d'une réputation européenne, sa sollicitude ne se ralentit jamais ; il fut constamment le même pour l'ouvrage et pour ses collaborateurs : tous rendent un hommage égal à sa justice, à sa loyauté, à sa bienveillance et à sa bonté généreuse. »

V

Rentré au sein de l'Institut de France, Berthollet y reprit ses occupations favorites. Il y lut les résultats des diverses expériences qu'il avait faites en Egypte, et ces mémoires servirent de base à la *Statique chimique*, un de ses travaux les plus considérables.

On sait que, par ces mots *statique chimique*, il faut entendre la science de l'équilibre existant entre les diverses forces qui sollicitent les éléments des corps, et qui font qu'ils se séparent ou s'unissent suivant certaines lois. Ses idées sur les décompositions réciproques, bien que contraires à celles qu'avaient professées les chimistes jusqu'à lui, furent reçues dans l'Europe savante avec applaudissement. Sa *Statique* fut traduite en anglais, en allemand, en italien, comme l'avaient été l'*Art de la teinture* et les *Recherches sur les lois de l'affinité*.

En 1804, il fut nommé à la sénatorerie de Montpellier. Un des doyens de la Faculté de médecine de Paris ne pouvait pas être étranger dans une telle ville (1); aussi y trouva-t-il et s'y fit-il de nombreux amis. Sa simplicité invariable, sa bonté, sa droiture comblaient l'intervalle qu'aurait pu laisser, entre eux et lui, l'éminence de la dignité : les honneurs le trouvèrent toujours le même ; le but où ses yeux

(1) Au moment où nous traçons ces lignes, nous apprenons que, « sur la proposition de M. Germain, membre de l'Institut, doyen honoraire de la Faculté des lettres de Montpellier, l'Académie des sciences et lettres de cette ville vient de nommer une commission pour préparer la célébration du sixième centenaire de l'Université de Montpellier, qui fut fondée le 26 octobre 1289. »

L'Université de Montpellier est donc une des plus anciennes Universités de la France d'autrefois, et elle en a été constamment une des plus célèbres.

se fixaient sans cesse, c'était l'avantage de la science, mais de la science utile à l'humanité. Il aimait à visiter cette résidence où le climat et les hommes lui plaisaient également. L'air pur de Montpellier était favorable à sa santé.

Berthollet s'était marié en 1778 ; un fils unique, espoir de sa vieillesse, et doué comme lui d'une aptitude remarquable pour les sciences, cultivait sous ses yeux les arts chimiques, et se livrait à l'exploitation de plusieurs grandes entreprises. Les circonstances publiques n'étaient pas alors favorables à l'industrie, et le jeune savant non seulement perdit son temps au point de vue des résultats pécuniaires, mais une partie de la fortune paternelle se trouva engloutie dans des essais dispendieux.

Ce désastre, bien qu'il atteignît cruellement Berthollet, peu au courant des affaires de commerce et de finance, n'était pas le plus grand qui dût le frapper. Un coup bien autrement terrible lui était réservé. « En 1811, le jeune Berthollet mourut à Marseille, asphyxié par le gaz acide carbonique. Il avait eu le courage de noter son état et les progrès du mal jusqu'à la perte complète de sa connaissance. »

Nous n'insisterons pas sur le souvenir de cette catastrophe, dont tous les journaux du temps donnèrent l'émouvant récit, et qui fut pour le grand savant qui nous occupe « la source de chagrins amers, que la gloire et les dignités ne purent jamais soulager. » Quelles consolations les amis les plus dévoués, les admirateurs les plus enthousiastes auraient-ils pu d'ailleurs offrir à un père tel que lui, trompé dans sa plus chère espérance ?

La science seule eut le pouvoir d'adoucir sa peine, et « en cette triste occurrence, elle lui rendit en quelque sorte ce qu'il avait fait pour elle. La découverte ou la recherche d'une vérité inaperçue eut seule, pendant fort longtemps, quelque empire sur son esprit ; des idées nouvelles parvinrent ensuite à le distraire peu à peu, entre autres l'analyse des végétaux et des substances animales par la combustion ; conception heureuse que fécondèrent ensuite de jeunes chimistes, ses élèves et déjà ses émules en renommée : son âme aimante avait fait de ses disciples ses enfants d'adoption. »

Déjà depuis longtemps, il s'était créé à la campagne un paisible refuge, où il passait tout le temps qu'il pouvait dérober à ses nombreuses et importantes fonctions.

Le jardinage et la culture des fleurs étaient sa passion favorite. A son célèbre potager d'Arcueil il avait ajouté un jardin situé à Cachan et traversé par la Bièvre, où par ses soins mûrissaient les plus beaux fruits des environs de Paris.

Partageant ainsi ses loisirs entre l'horticulture et la poursuite de ses recherches scientifiques, il menait à Arcueil cette vie du sage que les hommes à imagination vive mais bien réglée se plaisent ordinairement à rêver pour le déclin de leurs jours.

Tout son luxe se concentrait dans son laboratoire, sa bibliothèque et sa serre dont il se plaisait à faire son salon de réception.

Non seulement ses collègues français, mais tous les savants étrangers trouvaient à Arcueil la réception la plus franche et la plus cordiale. Les physiciens et les chimistes les plus renommés de l'Europe, ses rivaux en découvertes et en gloire y reçurent tour à tour l'hospitalité : *Blagden, Davy, Wollaston, Humboldt, Thompson, Chenevis, Leslie, Watt, Werner, Chladui, Tennant, Berzélius, etc.* ; tous se faisaient un devoir et un honneur, chaque fois que la paix le leur permettait, de venir lui porter leurs hommages et consulter son expérience. Le vénérable président de la société royale de Londres, *Joseph Bancs*, que ses infirmités retenaient en Angleterre, entretenait avec lui une correspondance suivie. « Les savants italiens, allemands, portugais, suédois, américains venaient à Arcueil contempler le patriarche de la science, et lui apprendre quelle était la réputation dont il jouissait dans leurs pays respectifs. »

Berthollet partageait cet empressement et ces douces joies

avec le plus éminent de nos géomètres, l'illustre Laplace, dont la propriété touchait à la sienne, et qui avait fondé avec lui, sous le nom de *Société d'Arcueil*, une association savante, composée des hommes les plus remarquables du temps dans les sciences physiques et mathématiques. Cette société a publié trois volumes de son recueil, où l'on ne compte pas moins de dix-huit mémoires plus ou moins étendus dans lesquels Berthollet touche aux questions les plus importantes de la nouvelle chimie, modifiée par les découvertes récentes.

Une des qualités les plus appréciées du savant auteur de la *Statique chimique* était une exactitude ponctuelle à tenir sa parole une fois donnée même dans les moindres occasions. Au milieu des rigueurs de l'hiver, on le voyait, malgré ses soixante-treize ans, ne point hésiter à quitter Arcueil avant le jour pour se trouver à Paris à l'heure précise des séances de la Chambre ou de l'Institut, ou même à un simple rendez-vous. C'était une suite naturelle de sa rigide probité et de son affectueuse bienveillance.

« Les savants anglais, ses amis, aimaient tout particulièrement en lui cette extrême ponctualité, qualité que leurs compatriotes se piquent de posséder à un haut degré. Sir Charles Blagden se plaisait à le comparer sous ce rapport à Cavendish avec qui Berthollet, du reste, eut beaucoup d'autres traits de ressemblance. »

Sans être un littérateur profond ni un écrivain remarquable, Berthollet aimait les lettres et les cultivait; sa mémoire était ornée de nombreux passages de nos classiques, qu'il avait le don de toujours approprier admirablement aux sujets auxquels il les appliquait.

Les ouvrages d'histoire et de politique, la poésie et surtout les œuvres de nos grands auteurs dramatiques étaient ses lectures de prédilection, et quand il les appréciait, la même puissance de raisonnement, la même sagacité qui l'avaient élevé si haut dans les sciences, le guidaient avec non moins de suite.

Les beaux arts ne lui étaient ni plus indifférents ni plus étrangers que les lettres. Connaisseur en musique, il jugeait aussi avec discernement les œuvres de la peinture et de la sculp-

LAPLACE

ture. Son voyage en Italie et la mission qu'il y avait remplie l'avaient familiarisé avec les chefs-d'œuvre des arts. Il n'appréciait pas moins vivement ce qu'a de grand et de beau le style sévère de l'Egypte, même quand on le compare aux modèles de la Grèce et de Rome ; aussi voulut-il orner à l'égyptienne son cabinet d'Arcueil, au plafond duquel il fit peindre les zodiaques de la Thébaïde.

« Tout l'ameublement de ce cabinet était du plus pur style égyptien ; les draperies étaient ornées d'ibis, de lotus, d'étoiles et de fleurs diverses, dessinées et coloriées dans le goût antique, d'après les peintures des tombeaux des rois de Thèbes ; son fauteuil même était la reproduction exacte des sièges représentés dans ces peintures. Les murs étaient couverts des plus belles perspectives des ruines de Thèbes et de Dendérah, encadrées d'ornements égyptiens. Enfin son bureau de travail était un meuble de la forme d'un temple sculpté sur les quatre faces à la manière des monuments égyptiens, et disposé de façon à recevoir tous les volumes de la *Description de l'Egypte* (1). »

Berthollet passa ainsi plus de vingt ans moins dans l'isolement de la solitude que dans le calme d'une retraite embellie par les charmes de l'amitié et animée par le génie des sciences et des arts. La goutte fut le seul mal qui troubla le cours de ses dernières années ; encore une complexion robuste et l'habitude d'un exercice physique presque violent étaient-ils un don précieux qu'il avait reçu de la nature afin de combattre cette infirmité si implacable pour les hommes indolents et peu actifs. Considérant comme une question d'hygiène de faire habituellement à pied la route d'Arcueil à Paris, il parcourait sans fatigue ses quatre à cinq lieues par jour.

« Tout lui promettait encore une longue carrière quand un mal violent se déclara tout à coup. L'énergie stoïque de sa volonté et surtout la crainte qu'il avait eue toute sa vie non seulement d'affliger ceux qu'il aimait, mais d'occasionner le moindre dérangement, de donner la moindre peine à son entourage, lui firent dissimuler pendant plusieurs jours les douleurs

(1) M. Jomard, à qui nous empruntons ces détails, s'était particulièrement attaché à embellir ainsi la retraite du philosophe d'Arcueil.

causées par un anthrax considérable ; et pour qui sait combien l'inflammation de l'anthrax est douloureuse, nous n'avons pas besoin d'insister sur le courageux mérite de ce silence. Après trois jours d'accès, la fièvre adynamique mit en danger la vie de l'illustre malade. Les secours de l'art, trop tardivement appelés, furent impuissants à prolonger d'un seul jour cette existence si précieuse. »

Berthollet succomba le soir du 22 novembre 1822, dix-sept jours avant celui où ses amis se préparaient déjà à fêter son soixante-quinzième anniversaire.

Ses obsèques furent célébrées au village d'Arcueil, et comme Berthollet, fidèle jusqu'à la fin à ses mœurs simples et à ses habitudes de campagnard, avait demandé qu'on ne lui rendît pas les honneurs publics dus à ses nombreuses dignités, la pompe de cette cérémonie eut un caractère particulier et touchant; « elle consista toute dans la foule immense des assistants, dans le deuil général des amis, des collègues, des confrères, des disciples qu'il avait toute sa vie servis, soutenus et protégés. » Plusieurs d'entre eux, parmi lesquels nous nommerons Chaptal, dont l'éloge prononcé ailleurs (1) a fourni plus d'une belle page à cette notice, jetèrent quelques fleurs sur sa tombe.

Mme Berthollet, qui survivait ainsi à tout ce qu'elle avait aimé, à tout ce qui avait fait pendant près d'un demi-siècle son bonheur et sa gloire, un fils mort au seuil d'une carrière que tout lui promettait aussi brillante qu'utile, et un époux dont les vertus et la renommée n'eussent pu être surpassées, s'était si bien pénétrée des sentiments et de la pensée de ce cher compagnon de sa vie, que lorsqu'il fut question d'ériger un mausolée à l'illustre savant, elle se borna, après avoir demandé qu'on lui laissât ce soin, à lui faire élever un monument modeste, décoré d'une inscription simple et sans faste, comme l'homme dont elle est destinée à rappeler le souvenir. »

(1) A la Chambre des pairs.

Cette inscription ne contient que le nom, la date de naissance et celle de la mort. C'est bref, semble-t-il ; mais quand il s'agit d'un homme comme celui dont nous venons d'esquisser la vie, quel éloge aurait l'éloquence de ce seul nom! Dans les choses véritablement grandes, la simplicité touche souvent au sublime.

Le buste de Berthollet a été placé à l'Institut, à côté de celui de Lagrange, avec lequel il a plus d'un rapport. Non seulement, en effet, ils avaient la même patrie, mais l'un et l'autre alliaient la simplicité la plus vraie au génie le plus fécond en découvertes. Bien qu'étonnant de ressemblance, ce buste en marbre « porte néanmoins ou plutôt à cause de cela même le style de l'antique. » Berthollet était d'une taille ordinaire, mais d'une stature forte et robuste. La tête surtout était de forte proportion et de grand caractère. Ajoutons, puisque nous avons été ainsi amené à tracer son portrait physique, qu'il ne possédait pas la dextérité qui est nécessaire aux chimistes pour leurs manipulations ; il ne s'y montra jamais ni prompt, ni adroit, et quand il mourut, depuis longtemps il n'opérait plus par lui-même ; le secours d'une autre main que la sienne lui était nécessaire. »

Un certain nombre d'habitants d'Annecy formèrent, en 1840, le projet d'élever sur une des places de la ville une statue à leur illustre compatriote ; une souscription fut ouverte dans ce but.

Modelée par le baron Marochetti, homme du meilleur monde en même temps qu'artiste distingué, cette statue, coulée en bronze dans les ateliers de la maison Soyer à Paris, « représente Berthollet en habit bourgeois et dans cette attitude simple et méditative qui lui était naturelle. Sa main droite, appuyée sur un guéridon, tient un linge qui rappelle l'art du blanchiment créé par ses travaux. Quatre bas-reliefs en bronze indiquent les traits les plus saillants de sa vie et le font voir : 1° se présentant à Tronchin peu après son arrivée à Paris ; 2° recevant le duc d'Orléans dans son laboratoire du Palais-royal ;

Les Pyramides.

3° donnant le bras à Bonaparte devant les pyramides d'Egypte;
4° soignant son illustre collègue Monge en Syrie. »

Une quadruple inscription — une sur chaque face — analyse
succinctement les services rendus à la science et à la société
par le savant et les vertus publiques et privées de l'homme de
bien.

Ces services, ces vertus ont été admirablement appréciés ou
plutôt résumés en ces termes par Cuvier :

« Peu d'hommes célèbres pourraient fournir une aussi longue
suite de services rendus à la société et mériter plus justement
les hommages de la postérité.

» Lorsqu'on est entouré d'un tel cortège et qu'on a une place
aussi assurée dans la reconnaissance publique, il n'est pas difficile
de conserver le calme de l'esprit et de n'être point troublé par
les choses du dehors.

» C'est de cette tranquillité que Berthollet a joui peut-être
plus qu'aucun autre homme dans sa position. Toujours prêt à
remplir ses devoirs, toujours courageux , mais toujours désin-
téressé, ce qui lui arriva d'heureux ne fut jamais provoqué par
sa sollicitation, et son propre avantage ne le retint jamais quand
il lui fut possible d'empêcher le mal d'autrui.

» Dans le temps où la terreur régnait en France, il ne craignit
point de dire la vérité à ceux dont un mot donnait la mort, et
l'affection qu'à une autre époque lui montra l'homme qui
distribuait des couronnes, ne l'engagea point à lui faire la
cour.

» Peu avant le 9 thermidor, un dépôt sableux, trouvé dans des
barriques d'eau-de-vie destinée à l'armée, fit avancer qu'on
avait voulu faire périr les soldats, et déjà nombre d'individus
étaient arrêtés et attendaient leur sentence, lorsque Berthollet,
chargé d'analyser cette eau-de-vie, prouva dans un rapport
raisonné qu'elle ne contenait rien de nuisible.

» Le comité du Salut public, dont ce rapport dérangeait les
plans, fit appeler l'auteur :

» — Comment oses-tu soutenir, lui dit-on, que cette eau-de-vie que l'on voit si trouble ne contient pas de poison?

» Pour toute réponse, Berthollet en remplit un verre et l'avala en disant :

» — Je n'en ai jamais tant bu.

» — Tu as bien du courage ! s'écria Robespierre.

» — Il m'en a fallu davantage pour écrire mon rapport, répliqua froidement Berthollet.

» Peut-être cette affaire se fut terminée au tribunal révolutionnaire, si l'on avait eu moins besoin des services du courageux savant.

» Jamais épithète ne fut mieux justifiée que celle que nous venons d'employer.

» Tous les genres de courage étaient familiers à Berthollet.

» En Egypte, Monge et lui ne s'exposaient pas moins que nos soldats. Ils se montraient partout, et nous avons dit avec quel sang-froid, en prévision d'une mort qui lui semblait à peu près certaine, Berthollet alourdissait ses poches afin que son corps au moins échappât aux fureurs des Mameluks.

» La peste, dont il était plus permis encore de s'inquiéter que des Mameluks, ne l'effraya pas davantage. Il ne se contenta pas de la braver quand elle se fut complètement déclarée, il eut le rare courage de ne pas vouloir en méconnaître les symptômes avant-coureurs, lorsque, pendant l'expédition de Syrie, le général en chef cherchait à se dissimuler à lui-même et à cacher à ses soldats ce funeste secret. Sa franchise lui attira, dans un conseil, de violents reproches. Il répondit avec son calme habituel :

» — Dans huit jours, je ne serai malheureusement que trop vengé !

» Et, en effet, l'entreprise sur Saint-Jean-d'Acre ayant échoué et la contagion faisant chaque jour de nouveaux progrès, une retraite rapide put seule sauver ce qui restait de l'armée.

» Pendant cette retraite, Berthollet ayant cédé son carrosse à

Pestiférés de Jaffa.

des officiers blessés, dut, ainsi que nous l'avons dit ailleurs, traverser à pied vingt lieues de désert. Il fit ce chemin comme il aurait fait une promenade.

VAUQUELIN

» Rien ne plaît tant que cette résignation dans la souffrance ; Bonaparte sut l'apprécier, et il devint si inséparable de Berthollet, qu'il ne le voulut point laisser en arrière lors de ce retour imprévu qui devait déterminer en France une si prompte révolution.

» Dans cette immense puissance où il fut bientôt porté, au milieu de ce tourbillon qui ne lui permettait plus de prendre de rien une connaissance approfondie, mais qui ne l'empêchait point de s'intéresser à tous les progrès et en particulier à ceux des sciences physiques, son chimiste d'Egypte était devenu pour lui une sorte de *savant officiel* ; et si quelqu'un ne lui faisait pas sur un sujet scientifique une réponse assez précise à son gré, il avait coutume de dire, et quelquefois avec humeur :

» — Je le demanderai à *Berthollet !*

» Il s'était habitué à placer toutes les découvertes chimiques sur sa tête, et il fallut plus d'une fois que Berthollet, qui était assez riche de son propre fonds pour ne vouloir point se parer du bien d'autrui, se défendît à cet égard et lui répétât les noms des véritables auteurs.

» En de telles circonstances, un peu d'assiduité l'aurait conduit à une fortune aussi haute que celle des autres amis du nouveau maître. Ce fut au contraire le moment que choisit Berthollet pour se confiner à la campagne.

» Tous ses contemporains ont été témoins de sa répugnance pour le métier de courtisan, et comment on lui fit, presque malgré lui, sa part dans les magnifiques récompenses du temps.

» Tous ses contemporains se plaisaient aussi à rendre justice à sa droiture, à sa loyauté devenues proverbiales, et bien souvent il arrivait que dans leurs désaccords, soit en matière de science, soit relativement à des intérêts privés, ils le choisissaient comme arbitre et acceptaient ses décisions.

» Quant à nous, qui sommes déjà la postérité pour l'illustre savant, nous n'avons pour juger l'homme qu'à considérer les résultats de ses travaux.

» Lavoisier, Fourcroy, Vauquelin, Deyeux ont semé pour ainsi

Guttemberg.

dire sur le terrain des arts chimiques des parcelles d'or, qui,
par l'agglomération des progrès et des années, ont produit
des lingots.

» Ils ont allumé une faible lampe à la lueur de laquelle de
jeunes ambitions, de grands talents se sont précipités : Gay-
Lussac, Thenard, Braconneau, Darcet, Chevreul, Pelletier,

Bernard Palissy.

Caventon, Labarraque, Orfila, tant d'autres, Dumas enfin, tous
ses émules contemporains, se sont élancés, et, d'un pas rival,
sont parvenus à de grandes conquêtes.

» Mais qui donc a frayé ce sentier, devenu si vite une large
route ?

» Les nouveaux venus ont fait plus, ont fait mieux sans doute

que leurs devanciers ; mais avant d'arriver à des régions nouvelles, ils avaient trouvé des traces sûres pour les guider.

» Certes Guttemberg n'imprimait pas comme Firmin Didot ;
mais le premier, sans le second, se serait toujours appelé
Guttemberg, et sans le premier, le nom du second n'existe-
rait pas. De même sans les essais, les travaux, les recherches
des alchimistes, quelque erronée que fût la base sur laquelle
ils s'appuyaient, la voie n'aurait pas été ouverte à la chimie.
N'est-ce pas de l'atelier de *Bernard Palissy* qu'est sorti l'art
céramique si développé de nos jours !

» Passant maintenant de la personnalité de Berthollet comme
savant et homme privé à ses œuvres, nous allons choisir dans
celles-ci quelques fragments qui se rapportent plus particulièrement aux principaux aspects sous lesquels nous avons
présenté l'influence exercée par lui sur le progrès scientifique,
auquel son nom est attaché.

» Cette considération nous a porté à reproduire : 1° quelques belles pages sur la *théorie de la chimie,* placées dans
l'introduction de la *Statique chimique;* 2° la description de
l'art nouveau de blanchiment créé par lui ; 3° deux courtes
notices sur le henné et le carthame, qui donneront l'idée de
sa sollicitude pour l'art de la teinture et des services qu'à
toute occasion il s'empressait de lui rendre. »

THÉORIE DE LA CHIMIE

Il y a des sciences qui peuvent parvenir à un certain degré de perfection sans le secours d'aucune espèce de théorie et seulement par le moyen d'un ordre arbitraire qu'on établit entre les observations des faits naturels dont elles s'occupent principalement ; mais il n'en est point ainsi en chimie, où les observations doivent naître presque toujours de l'expérience même, et où les faits résultent de la réunion factice des circonstances qui doivent les produire.

Pour tenter, en effet, des expériences, il faut avoir un but, être guidé par une hypothèse ; et pour tirer quelque avantage de ses observations, il faut les comparer sous plusieurs rapports et déterminer au moins quelques-unes des circonstances nécessaires auxquelles chacun des phénomènes observés doit son origine. Ainsi des suppositions plus ou moins illusoires et même des chimères qui sont aujourd'hui ridiculisées, mais qui ont engagé aux tentatives les plus laborieuses, ont été nécessaires au berceau de la chimie : par leur moyen, les faits se sont multipliés, un grand nombre de propriétés ont été constatées, et plusieurs arts se sont perfectionnés.

Toutefois la chimie ne faisait que se grossir d'observations incomplètes et de théories particulières, qui n'avaient aucune liaison entre elles, qui se succédaient comme les caprices de l'imagination et qui n'avaient aucun rapport avec les lois générales ; orgueilleuse et isolée de toutes les autres connaissances, plus elle faisait d'acquisitions, plus elle s'éloignait du caractère des véritables sciences.

Ce n'est que depuis qu'on a reconnu l'affinité comme la cause de toutes les combinaisons, que la chimie a pu être regardée comme une science qui commençait à avoir des principes généraux. Dès lors on a cherché à soumettre à un ordre régulier la succession des combinaisons que différents éléments peuvent former et à déterminer les propositions qui entrent dans ces combinaisons.

Bergmann donna une étendue nouvelle à l'application de ce premier principe : il fit apercevoir la plupart des causes qui pouvaient en déguiser ou en faire varier les effets; il fonda sur lui les méthodes des différentes analyses chimiques, qu'il porta à un degré de précision inconnu jusqu'alors.

Cependant un grand nombre de phénomènes dépendent de la combinaison de l'oxygène, qui est la substance dont les affinités paraissent les plus actives, et son existence même n'était point connue ; il fallait suppléer par des hypothèses à l'action qu'il exerce.

Priestley n'eut pas plus tôt fait connaître cette substance qui joue un rôle si important, que Lavoisier en détermina les combinaisons et rapporta à cette cause réelle les nombreux effets qu'elle produit. Le grand jour que ses découvertes immortelles répandirent non seulement sur les phénomènes qui en dépendaient, mais encore sur l'action de plusieurs autres gaz découverts à la même époque, mérita, à la révolution qu'il produisit, l'honneur d'être regardée comme une théorie générale et nouvelle.

La considération précise d'une cause également puissante par la modification qu'elle introduit dans les résultats de l'affinité, celle de l'action de la chaleur, était aussi nécessaire pour l'interprétation de la plupart des phénomènes. On devait à Black les propriétés fondamentales de la chaleur ; elles avaient occupé après lui plusieurs physiciens, mais elles furent soumises à des lois bien déterminées dans un savant mémoire qu'on doit à Laplace et à Lavoisier.

On voit donc que la chimie a acquis de nos jours la connaissance de ces propriétés génératrices qui accompagnent toute action chimique et qui sont la source de tous les phénomènes qu'elle produit. Cette science a donc pu être

Alchimiste.

fondée sur des principes dont l'application a fait faire des progrès rapides à toutes les connaissances qu'elle embrasse.

Comme les théories particulières bornent leurs considérations à certains faits ou à quelques classes de phénomènes, elles peuvent souvent se restreindre à l'application rigoureuse des propriétés bien constatées, et n'être pour ainsi dire que l'expression réservée de l'expérience, jusqu'à ce que les progrès de la science leur donnent une plus grande extension; elles peuvent donc être réduites à toute la certitude qui peut appartenir aux connaissances fondées sur le témoignage de nos sens; ce qui est surtout vrai pour la détermination des éléments, des substances composées et des méthodes par lesquelles on parvient à cette détermination.

Il n'en est pas de même de la théorie qui embrasse la considération de toutes les théories particulières, et qui cherche à démêler ce qu'il peut y avoir de commun entre les propriétés chimiques de tous les corps et ce qui peut dépendre d'une disposition particulière à chacun. Occupée de répandre la lumière sur tous les objets, de perfectionner toutes les méthodes, de recueillir les résultats pour les comparer, elle tâche de reconnaître toute la puissance de chaque cause et toutes les causes qui peuvent concourir à chaque phénomène; elle porte la vue par delà les limites de l'observation; elle ne compare pas seulement les phénomènes dont les causes peuvent être clairement assignées, mais elle indique la liaison qui peut se trouver entre les connaissances acquises et celles auxquelles on doit aspirer; si elle abandonne sans explications un certain nombre de faits dont elle n'aperçoit encore aucune conséquence, soit parce qu'ils doivent être éclaircis par des expériences plus exactes ou mieux dirigées, soit parce qu'ils dépendent d'un conflit trop grand de diverses propriétés, elle les ressaisit dès qu'elle aperçoit une lueur qui peut les guider.

Cette théorie repose nécessairement sur des vérités bien établies et sur des conjectures plus ou moins fondées; et par l'application des principes auxquels elle s'élève, elle donne des explications plus ou moins complètes, plus ou moins certaines des phénomènes divers; elle se perfectionne et s'agrandit par les progrès de l'observation et par son commerce avec les autres sciences.

Dès que l'on a reconnu les propriétés générales auxquelles doivent aboutir tous les effets de l'action chimique, on s'est hâté d'établir comme lois constantes et déterminées les conditions de l'affinité qui ont paru satisfaire à toutes les applications ; et réciproquement on déduit de ces lois toutes les applications, et c'est dans la superficie que la science acquiert par là, que l'on fait principalement consister ses progrès.

Persuadé que les principes adoptés en chimie, et les conséquences immédiates qu'on en tire pour qu'elles servent elles-mêmes de principes secondaires, ne devaient point encore être admis comme des maximes fondamentales, je les ai soumis à un nouvel examen.

Le but de cet essai est d'étendre mes premières réflexions à toutes les causes qui peuvent faire varier les résultats de l'action physique ou du produit de l'affinité et de la quantité. J'examine donc quelle est la dépendance mutuelle des propriétés chimiques des corps, comparées d'abord entre elles et considérées ensuite dans les différentes substances ; quelles sont les forces qui naissent de leur action dans les effets qui en proviennent, et quelles sont celles de ces forces qui concourent à ces effets ou qui leur sont opposées.

L'essai est divisé en deux parties : dans la première, je considère tous les éléments de l'action chimique, et dans la seconde, les substances qui l'exercent et qui contribuent le plus aux phénomènes chimiques, en les classant par leurs dispositions ou par les rapports qui existent entre leurs affinités.

. . . .

. . . .

On trouvera une grande inégalité dans les discussions dans lesquelles j'entrerai : je passerai rapidement sur quelques objets qui sont importants mais qui ne présentent rien d'incertain aux chimistes, et je m'arrêterai avec beaucoup de détails à d'autres qui sont moins intéressants mais qui paraîtront exiger de nouveaux éclaircissements (1).

(1) *Essai de Statique chimique.* Paris, 1803.

Ruines égyptiennes.

DESCRIPTION

DU BLANCHIMENT DES TOILES ET DES FILS

**par l'acide muriatique oxygéné
et de quelques autres propriétés de cette liqueur relatives aux arts** (1).

L'on doit non seulement à Scheele la découverte de l'acide muriatique oxygéné, mais encore celle des effets qu'il produit sur les parties colorantes des végétaux : « C'est dans l'état
» élastique, dit ce grand chimiste, que se découvrent mieux
» les qualités de cet air (gaz acide muriatique oxygéné). On
» met au bain de sable une cornue de verre, dans laquelle on
» a versé de l'acide muriatique sur la manganèse ; on y adapte
» de petits ballons de la contenance d'environ deux onces
» d'eau, dans lesquels on met à peu près deux gros d'eau, sans
» autre lut qu'une bande de papier gris au col de la cornue.
» Au bout d'un quart d'heure, on aperçoit l'air jaune dans
» un de ces ballons qu'on enlève. Si le papier a été bien posé,
» l'air sort avec force ; on ferme aussitôt le ballon et on en
» met un autre ; on peut ainsi remplir plusieurs ballons avec
» l'acide muriatique déphlogistiqué ; mais il faut arranger la
» cornue de manière que les gouttes qui s'élèveraient jusqu'à
» son col puissent y retomber. L'eau sert à retenir les vapeurs
» de l'acide. Je prends plusieurs ballons pour n'être pas obligé
» de répéter à chaque expérience une pareille distillation ; il
» ne faut pas en employer de gros, parce que, à chaque fois
» qu'on le découvre, il se dissipe à l'air une bonne partie de
» l'acide.

(1) *Annales de chimie.* — Année 1789, tome II.

» Ce que j'ai soumis à l'examen, dans cet acide muriatique
» déphlogistiqué, était dans le col du ballon que j'avais
» bouché.

» Le bouchon a jauni comme par l'eau forte.

» Le papier bleu de tournesol est devenu presque blanc ;
» toutes les fleurs rouges, bleues et jaunes, même les plantes
» vertes, ont jauni en peu de temps, et l'eau du ballon a été
» changée en un pur acide muriatique faible.

» Ni les alcalis, ni les acides n'ont pu rétablir les couleurs
» des fleurs et des plantes. »

Après avoir cité ce passage du mémoire de Scheele qui
devait servir de point de départ à son importante découverte
du blanchiment des fibres textiles, Berthollet continue :

Je repris, dit-il, les expériences de Scheele, et je tâchai de
répandre le plus grand jour sur la nature de l'acide muriatique
oxygéné et sur ses principales propriétés. Je fis voir qu'une
partie de l'acide muriatique dissolvait l'oxyde de manganèse,
et chassait une partie de la base de l'air vital ou oxygène, qui était en excès dans l'oxyde de manganèse
pour que cette dissolution pût s'opérer, que cet oxygène privé
de l'état élastique, ou se trouvant, selon l'expression de
Priestley, dans l'état naissant, et par là très disposé à
former de nouvelles combinaisons, s'unissait avec une autre
combinaison de l'acide muriatique, et que cette combinaison
constituait le gaz acide muriatique oxygéné.

J'ai développé cette théorie dans plusieurs mémoires qui se
trouvent dans le recueil de l'Académie de 1785 et des années
suivantes, et dans le journal de physique de juin 1785 et
d'août 1786. Mais afin que les personnes qui ne se sont point
occupées de chimie soient en état, non seulement d'exécuter
le procédé que je vais décrire, mais encore de le modifier et
de l'étendre, je vais rappeler quelques expériences dont j'ai
déjà donné le détail, en perdant de vue les autres parties de
la théorie, pour insister sur la composition de l'acide muria-

tique oxygéné et sur l'action qu'il exerce sur les molécules colorantes.

Selon Scheele, « l'acide muriatique dépouillé du phlogistique (1), qui est une de ses parties constituantes, ne s'unit avec l'eau qu'en très petite quantité et ne la rend pas fort acide. » Il y a apparence qu'il se contenta d'examiner l'eau, qui n'avait été en contact avec le gaz que pendant le temps de l'opération, et qu'il en conclut que ce gaz s'y dissolvait très peu, de manière qu'il lui parut préférable de soumettre à ses expériences ce gaz même, plutôt que l'eau qui n'en devait être que faiblement imprégnée.

Le premier objet que je me proposai, ce fut d'examiner la dissolubilité du gaz acide muriatique oxygéné par l'eau, parce que je m'imaginai que, si je pouvais en obtenir une dissolution un peu concentrée, il me serait plus facile de soumettre à différentes épreuves cette liqueur qu'un simple gaz. Je m'aperçus bientôt que ce gaz se dissolvait dans l'eau plus facilement et en plus grande quantité que le gaz acide carbonique ou air fixe, et que l'eau qui s'en saturait acquérait une odeur très vive, une couleur jaunâtre et des propriétés très marquées.

J'avais fait ces premières épreuves en agitant l'eau en contact avez le gaz, de la manière dont on imprègne ordinairement l'eau d'acide carbonique ; mais la vapeur suffocante qui s'exhalait me fit substituer à ce procédé l'appareil de M. Woulfe. Je plaçai, entre la cornue et les flacons remplis d'eau destinée à s'imprégner du gaz, un petit flacon que j'entourai de glace pour retenir la vapeur muriatique qui n'était pas oxygénée ; j'entourai également de glace les flacons remplis d'eau. J'observai, dans cette opération, que lorsque l'eau était saturée de

(1) *Phlogistique* : Principe hypothétique que Sthal admettait pour expliquer la combustion des corps. Lorsqu'on réduit un métal calciné, on lui rend, suivant ce système, le *phlogistique* qu'il avait perdu. Mais depuis, il a été au contraire démontré que le métal perd alors de son poids par la séparation de l'oxygène qui le tenait à l'état d'oxyde.

gaz, celui-ci prenait une forme concrète et se précipitait lentement au fond de l'eau.

Si l'on remplit d'eau imprégnée du gaz qui s'est dégagé, c'est-à-dire d'acide muriatique oxygéné, un flacon dont une tubulure prolongée et recourbée plonge sous un récipient rempli d'eau, et si ce flacon est exposé à la lumière du soleil, on voit bientôt s'en dégager des bulles qui passent dans le récipient, et qui sont de l'air pur, de l'air vital ou gaz oxygène. Lorsque les bulles ont cessé de se dégager, la liqueur a perdu son odeur, sa couleur et toutes ses propriétés distinctives. Ce n'est plus qu'une eau imprégnée d'acide muriatique ordinaire.

Cette expérience simple doit suffire pour se convaincre que l'acide muriatique oxygéné n'est réellement qu'une combinaison de l'acide muriatique avec la base de l'air vital ou gaz oxygène, qui se trouve en telle quantité dans l'oxyde noir de manganèse qu'il suffit de pousser cet oxyde à un feu vif, pour en retirer une grande quantité, et alors il n'est plus propre à former de l'acide muriatique oxygéné, parce qu'il est dépouillé de cette partie d'oxygène qui était combinée avec une partie de l'acide muriatique.

Remarquons que la lumière a la propriété de dégager l'oxygène qui était combiné avec l'acide muriatique, en lui rendant l'élasticité dont il était privé en partie, ce que ne peut faire la simple chaleur. Il paraît que la lumière se combine avec l'oxygène, que c'est à cette combinaison qu'est dû l'état élastique de l'air vital, qui, en perdant de nouveau son élasticité par la combustion, c'est-à-dire par un contact rapide avec quelque corps, laisse échapper encore le principe de la lumière, et en même temps dégage beaucoup de chaleur, dont nous ignorons, jusqu'à présent, les véritables rapports avec la lumière.

Si l'on plonge, dans l'acide muriatique oxygéné, des couleurs végétales, elles disparaissent plus ou moins promptement et plus ou moins complètement ; lorsqu'il s'y trouve un mélange de différentes parties colorantes, les unes disparaissent plus facilement et ne laissent apercevoir que celles qui résistent davantage, et qui ont cependant éprouvé une altération plus ou moins grande. Ce sont ordinairement les parties jaunes qui résistent le plus, mais toutes finissent par disparaître ; et, lorsque l'acide muriatique oxygéné a épuisé son action, il se trouve ramené à l'état d'acide muriatique ordinaire ; les parties colorantes lui ont donc enlevé l'oxygène, et ont acquis, par cette combinaison, de nouvelles propriétés en perdant celles de produire des couleurs.

Je ne m'occuperai point à présent des propriétés de ces parties oxygénées : l'acide muriatique oxygéné doit donc la propriété de détruire les couleurs à l'oxygène qui non seulement s'y trouve combiné abondamment, mais encore qui y tient très peu, et qui passe facilement en combinaison avec les substances qui ont quelque affinité avec lui.

Les rapports des parties colorantes, si variées dans la nature avec l'oxygène, avec la lumière, avec les alcalis et les autres agents chimiques, doivent former une partie de la physique bien intéressante et presque entièrement nouvelle.

Après avoir observé l'action qu'exerce, en général, l'acide muriatique oxygéné sur les parties colorantes, je pensai qu'il pourrait produire le même effet sur celles qui colorent les fils et les toiles, et que l'on a pour objet de détruire ou de séparer dans le blanchiment ; mais je ne donnerai pas le procédé tel qu'il se pratique aujourd'hui. Il ne sera pas inutile, pour ceux qui voudront l'exécuter, que je donne l'histoire des essais imparfaits par lesquels j'ai commencé.

D'abord, je me servais d'une liqueur très concentrée, et je la renouvelais dès qu'elle était épuisée, jusqu'à ce que les fils ou toiles me parussent blancs. Mais je m'aperçus bientôt qu'ils étaient considérablement affaiblis, et même qu'ils perdaient entièrement leur solidité ; alors j'affaiblis un peu la liqueur, et je parvins à blanchir la toile sans l'altérer.

Mais elle jaunissait promptement lorsqu'elle était conservée, et surtout lorsqu'elle était échauffée, ou lorsqu'on lui faisait subir une lessive alcaline.

Je réfléchis alors sur les circonstances du blanchiment ordinaire, et je tâchai d'en imiter les procédés, parce que je pensais que l'acide muriatique oxygéné devait agir comme l'exposition des toiles sur les prés, qui, seule, ne suffit pas, mais qui paraît seulement disposer les parties colorantes de la toile à être dissoutes par l'alcali des lessives.

J'examinai la rosée, soit celle qui se précipite de l'atmosphère, soit celle qui vient de la transpiration nocturne des plantes, et j'observai que l'une et l'autre étaient saturées d'oxygène, au point de détruire la couleur d'un papier teint faiblement par le tournesol. Peut-être les anciens préjugés sur la rosée du mois de mai, saison où la transpiration des plantes est abondante, tiennent-ils à quelque observation de cette espèce.

J'employai donc successivement des lessives et l'action de l'acide muriatique oxygéné, alors j'obtins un blanc solide; et comme sur la fin d'un blanchiment ordinaire on passe les toiles dans du lait aigri ou dans de l'acide sulfurique étendu d'une grande quantité d'eau, j'essayai aussi de passer les toiles dans une dissolution très étendue d'acide sulfurique, et j'observai que le blanc en prenait plus d'éclat.

Dès que je fis usage des lessives intermédiaires, j'appris qu'il n'était point nécessaire d'employer une liqueur concentrée et d'y laisser, à chaque immersion, les toiles longtemps plongées. Par là, j'évitai deux inconvénients qui auraient rendu ce procédé impossible à pratiquer en grand. Le premier est l'odeur suffocante de la liqueur, qu'il serait très incommode et même très dangereux de respirer longtemps, odeur qui a découragé plusieurs personnes qui ont tenté de s'en servir. Le second est le danger d'affaiblir les toiles. Je renonçai

aussi, à cette époque, à mêler de l'alcali à l'acide muriatique oxygéné, ainsi que je l'avais pratiqué dans la plupart de
mes premiers essais.

Voilà à peu près le terme où en étaient mes expériences,
lorsque je fis des essais en présence du célèbre M. Watt. Un
coup d'œil suffit à un physicien dont le génie s'est exercé si
longtemps sur les arts. Bientôt M. Watt m'écrivit d'Angleterre
que, dans une première opération, il avait blanchi cinq cents
pièces de toile chez M. Grégor, qui a une grande blanchisserie
à Glascow, et qui continue à faire usage du procédé.

Cependant M. Bonjour, qui m'avait aidé jusque-là dans mes
essais, et qui joint beaucoup de sagacité à des lumières très
étendues en chimie, s'associa avec M. Constant, apprêteur
de toiles à Valenciennes, pour former dans cette ville un
établissement.

Ce projet fut traversé par les préjugés et par l'intérêt des
blanchisseurs, qui craignaient la concurrence d'une méthode
nouvelle. M. Constant ne put même se procurer un terrain
dans la ville de Valenciennes ; mais le comte de Bellaing
favorisa cette entreprise et céda un terrain qui présentait
toutes les commodités convenables, mais qui, étant à une
certaine distance de Valenciennes, devait avoir le désavantage
de l'éloignement s'il venait à se former quelque établissement
dans la ville même.

Cependant M. Bonjour, qui avait abandonné les justes
espérances que lui donnaient, à Paris, ses connaissances et
ses talents, n'avait trouvé, dans l'entreprise à laquelle il
s'était dévoué, que les dégoûts qui accompagnent d'ordinaire
les procédés nouveaux des arts. Il s'adressa au *Bureau du
commerce*, non pour faire valoir les services qu'il devait
rendre, mais pour demander qu'on le mît à couvert des désavantages et des obstacles que lui avaient préparés les préjugés
et les intérêts opposés qu'il avait rencontrés à Valenciennes,
en lui accordant un établissement dans les environs de

Valenciennes et de Cambrai, où il pût seul, pendant quelques années, exercer l'art nouveau, sans gêner en rien la liberté de ceux qui voudraient s'en tenir aux anciens procédés, ou en tenter de nouveaux dans lesquels on ne ferait aucun usage d'acide muriatique oxygéné. Il offrait d'instruire, dans son établissement, de tous les détails du procédé, tous ceux qui voudraient en faire usage et qui auraient l'aveu de l'administration.

Peut-être que, si sa demande eût été accueillie, l'établissement de Valenciennes eût inspiré plus de confiance à ceux qui étaient chargés de faire les avances nécessaires; peut-être y eussent-ils borné leurs tentatives, au lieu d'aller établir le procédé à Courtrai, comme ils le firent; peut-être — ou plutôt probablement — plusieurs artistes se seraient-ils formés sous la direction de M. Bonjour, et auraient-ils fondé immédiatement un grand nombre d'établissements dans nos provinces, en évitant les tentatives isolées et infructueuses qui devaient jeter pendant longtemps du discrédit sur un art si essentiellement utile.

De mon côté, et aussitôt que j'eus conçu l'espérance que le procédé pourrait s'exécuter en grand, je cherchai à diminuer le prix de la liqueur, en décomposant le sel marin dans l'opération même qui servait à la former; mais soit que j'employasse de l'acide sulfurique trop concentré, soit que les proportions des ingrédients fussent mal calculées, je n'eus qu'une quantité de liqueur qui me fit juger qu'il était préférable de se servir de l'acide muriatique, et je l'employai dans les doses que j'ai indiquées dans mes mémoires, c'est-à-dire que je distillais trois parties d'acide muriatique concentré, avec une partie d'oxyde de manganèse; mais un habile chimiste de Rouen, M. Decroisille, qui faisait aussi des épreuves en vue de faire un établissement dans cette ville, publia, dans les *Affiches de Normandie*, qu'il avait trouvé un moyen de se procurer l'acide muriatique oxygéné à un prix fort inférieur à celui du procédé que j'avais indiqué.

Aussitôt je revins à ma première épreuve, j'en chargeai M. Welter, jeune et ingénieux chimiste, qui me fit observer qu'il devait être avantageux d'affaiblir l'acide sulfurique, et l'opération réussit d'une manière satisfaisante.

J'en instruisis M. Bonjour et M. Watt. Ce dernier m'apprit qu'il avait fait ce changement dès ses premières épreuves; un peu plus tard, M. Chaptal décrivit aussi cette opération dans un mémoire qu'il envoya à l'Académie des sciences.

~Ce n'est pas le seul changement que M. Watt avait fait; il avait encore substitué un tonneau, dont j'ignore la construction, à l'appareil de Woulfe dont je m'étais servi. Mais avant que M. Watt m'eût parlé de son appareil, M. Welter en imagina un qui, non seulement est très commode pour préparer l'acide muriatique oxygéné, mais qui est encore très propre à plusieurs opérations chimiques, et dont le but est de multiplier les surfaces par lesquelles le gaz se trouve en contact avec l'eau, parce que ce n'est qu'aux points de contact que la combinaison peut s'opérer....

Berthollet entre ici dans des explications techniques sur l'appareil de M. Welter et sur la manière dont l'acide muriatique oxygéné s'y prépare, qui nous semblent inutiles à reproduire. Nous nous bornerons à constater avec lui que, dans l'état de concentration où se trouve la liqueur quand l'opération est achevée, elle conserve une odeur assez vive, mais qui cependant ne peut être nuisible ni même fort incommode à ceux qui en font usage. Néanmoins, il est à propos de faire arriver aux baquets où on a arrangé les toiles, par des canaux de bois que l'on adapte à la tubulure qui est à la partie inférieure du tonneau qui termine l'appareil.

Il est bon de tirer du tonneau la liqueur aussitôt qu'elle est préparée, parce qu'elle a de l'action sur le bois, et que par là, non seulement elle s'affaiblit, mais encore elle hâte la destruction du tonneau; mais lorsqu'elle trouve des toiles dans un baquet, celles-ci l'affaiblissent promptement, de manière qu'elle n'agit plus sensiblement sur le bois.

Il faut préparer la toile en la laissant tremper vingt-quatre heures dans de l'eau ou encore mieux dans de la vieille lessive, pour en extraire l'apprêt; ensuite, il est bon de la soumettre à une ou deux bonnes lessives, parce que tout ce qu'on peut en extraire, par les lessives, aurait détruit en pure perte une partie de la liqueur, dont il importe de ménager la quantité.

Après cela, on lave avec soin la toile, puis on la dispose dans les baquets, de manière qu'elle puisse être imprégnée de la liqueur qui doit y couler, sans qu'aucune partie soit pressée ou gênée. Les baquets, ainsi que le tonneau, doivent être construits sans fer, parce que ce métal, réduit en oxyde par l'acide muriatique oxygéné, produirait des taches de rouille qu'on ne pourrait effacer de la toile que par le moyen du *sel d'oseille.*

La première immersion doit être plus longue que les suivantes. Elle peut durer trois heures. Après cela on retire la toile, on la lessive de nouveau; on la remet ensuite dans un baquet pour y faire couler de nouvelle liqueur. Il suffit de deux heures pour ces nouvelles immersions, que l'on continue jusqu'à ce que la toile paraisse suffisamment blanche. Alors on l'imprègne de savon noir et on la frotte avec force; après quoi, on lui fait subir la dernière lessive et la dernière immersion.

Il est impossible de déterminer le nombre des lessives et des immersions, parce que ce nombre varie selon la nature des toiles.

Je ne puis non plus donner d'indication sur la meilleure manière de faire les lessives, cet art si utile étant encore livré à la routine et à des usages variés dans les différents endroits. Je dirai seulement qu'il m'a paru avantageux de rendre l'alcali caustique en y mêlant un tiers de chaux, mais alors il faut avoir soin que la lessive coule à travers un lingé, afin que la terre calcaire ne se mêle point avec la toile. Par ce moyen, la lessive, rendue plus active, n'a pas besoin d'une aussi grande quantité d'alcali, et cependant, pourvu qu'elle

Lin.

ne soit pas trop forte, la toile ne s'en trouve pas altérée, malgré le préjugé contraire qui est assez général.

J'ai remarqué aussi qu'il était inutile et même nuisible que les lessives fussent de longue durée ; mais il faut qu'elles soient très chaudes et assez fortes, autrement les toiles blanchies par l'acide muriatique oxygéné se colorent et redeviennent rousses lorsqu'on les soumet à de nouvelles lessives....

Le blanchiment des toiles de coton est beaucoup plus facile et plus court que celui des toiles de lin ou de chanvre ; deux lessives, tout au plus trois, et autant d'immersions dans la liqueur leur suffisent, et comme elles blanchissent beaucoup plus facilement, il est avantageux, quand on a à la fois à blanchir des toiles de lin, de chanvre et de coton, de réserver pour ces dernières les liqueurs qui ont déjà été affaiblies par celles de lin et de chanvre. Car il est important d'épuiser ces liqueurs autant qu'il est possible, et celles qui sont considérablement affaiblies suffisent encore pour le coton, quoiqu'elles n'exercent presque plus d'action sur le lin et sur le chanvre.

Les fils offrent dans le blanchiment ordinaire beaucoup plus de difficultés que les tissus, à cause des surfaces multipliées qu'il faut présenter successivement à l'action de l'atmosphère. Ils présentent une partie de ces difficultés dans le blanchiment par l'acide muriatique oxygéné ; cependant on trouve, en dernier résultat, plus d'avantages dans ce blanchiment que dans celui des toiles. . . . .

. . . .

Dans le commencement de mes essais, on me pria d'aller à Javelle pour y montrer la manière dont il fallait préparer l'acide muriatique oxygéné et s'en servir pour le blanchiment. Je ne faisais aucune difficulté de montrer ce procédé que je désirais très vivement voir se propager. J'allai donc moi-même deux fois à Javelle ; j'y exécutai la distillation de l'acide muriatique oxygéné dans des vaisseaux que j'y portai, et j'y blanchis quelques échantillons de toile.

A cette époque, j'employais encore une liqueur concentrée et j'y mêlais un peu d'alcali.

Quelque temps après, les manufacturiers de Javelle publièrent dans différents journaux qu'ils avaient découvert une liqueur particulière, qu'ils appelèrent *lessive de Javelle*, et qui avait la propriété de blanchir les toiles par une immersion de quelques heures.

Le seul changement qu'ils avaient fait au procédé que j'avais exécuté en leur présence, consistait en ce qu'ils mettaient de l'alcali dans l'eau qui reçoit le gaz, ce qui fait que la liqueur se concentre beaucoup plus, de manière qu'on peut ensuite l'étendre de plusieurs parties d'eau pour s'en servir....

« Et cependant l'un des anciens entrepreneurs de Javelle a demandé, en Angleterre, un *privilège exclusif* pour ce *nouveau procédé de son invention !*

» J'espère que les détails que je viens de donner intéresseront. »

Ce n'est pas, continue Berthollet — après avoir établi que, par suite des simplifications et améliorations qu'un avenir prochain ne saurait manquer d'introduire dans son procédé, celui-ci deviendrait non seulement plus pratique, mais verrait diminuer considérablement son prix de revient (1), — ce n'est pas cependant par les frais du nouveau procédé, comparés rigoureusement avec ceux du blanchiment ordinaire, qu'il faut juger de ses avantages; il en présente de particuliers qui seraient propres à compenser même un prix supérieur.

(1) Parmi ces simplifications, Berthollet, avec une sorte de prescience, que justifiait du reste le mouvement de l'art mécanique, qui commençait au moment où il écrivait, tenait compte, presque en première ligne, de l'intervention de cet art qui justement a pris une si grande place dans le blanchiment, aussi bien que dans toutes les autres opérations de la teinture : « L'art des lessives, dit-il, pourrait être perfectionné par le secours des machines, et, ajoute-t-il, par le même secours, il arriverait, partout où le combustible est à bon marché, que lorsque l'action de l'alcali est épuisée parce qu'il est saturé de matière extractive, ou de parties colorantes, on pourrait aisément et à peu de frais les évaporer jusqu'à siccité, et rendre son activité à l'alcali en calcinant les matières qui le saturaient. »

Les toiles et les fils qui, dans quelques endroits, demandent plusieurs mois pour être blanchis, peuvent facilement l'être en cinq à six jours, même dans un grand établissement ; car une opération qui ne se fait que sur quelques pièces, peut, sans difficulté, se terminer dans deux ou trois jours. Pendant l'hiver, le nouveau blanchiment peut s'exécuter aussi bien qu'en été, seulement la dessiccation exige plus de temps.

L'habitant des campagnes, dont la famille occupe ses intervalles de loisir à la filature, est obligée d'attendre la saison favorable pour envoyer ses fils et ses toiles, souvent à une grande distance, pour leur faire subir un long blanchissage ; cependant ses besoins le pressent ; il est obligé de les livrer à perte à des commerçants intermédiaires qui mettent un impôt sur son indigence. Mais si des établissements destinés à la fabrication de l'acide muriatique oxygéné se multiplient assez, celui qui aura tissé une toile pourra la blanchir lui-même, et jouir de tout le fruit de son travail aussitôt qu'il sortira de ses mains.

Le commerçant, dans une saison défavorable au blanchiment ordinaire, ne peut souvent remplir ses engagements que d'une manière onéreuse ; il est obligé d'employer des sommes considérables pour remplir ses magasins dans la saison où le blanchiment s'exécute ; il se trouve parfois dans l'impuissance de se livrer à des spéculations heureuses et de profiter des occasions favorables qui se présentent à un moment inattendu, parce qu'il faudrait trop de temps pour blanchir les toiles dont il aurait besoin.

Le consommateur trouvera aussi son avantage dans le nouveau procédé, puisque non seulement il doit, en dernière analyse, en résulter quelque diminution dans le prix des toiles et des fils, mais encore parce que le nouveau blanchiment, administré comme il doit l'être, diminue beaucoup moins la solidité originaire du lin et du chanvre que les opérations longues et multipliées du blanchiment ordinaire.

Quant au coton, il résulte des expériences de M. Decroisillc que l'acide muriatique oxygéné, en resserrant les pores de ses fibres, lui donne plus de solidité, et qu'en même temps, il lui communique la propriété de prendre des couleurs plus éclatantes.

De ce que les toiles sont moins usées, il en est résulté un inconvénient aux yeux de quelques commerçants; c'est

Chanvre.

qu'elles paraissent moins fines que les toiles de même qualité blanchies à la manière accoutumée. M. Bonjour a même été obligé de chercher les moyens d'user les toiles qui avaient été blanchies dans l'établissement qu'il dirige. On sent que ces moyens ne sont pas difficiles à trouver; mais ceux qui auront la sagesse de s'en passer, profiteront d'une plus grande solidité.

Et ces vastes prairies qui, dans les pays les plus fertiles, sont abandonnées aux toiles qu'il faut y tenir étendues pendant toute la belle saison, parviendrai-je à les conquérir à l'agriculture pour laquelle leurs productions sont perdues en grande partie?

Si je ne me fais pas illusion, le procédé que j'ai décrit doit être distingué de ceux qui contribuent aux simples progrès des arts; il mérite une recommandation particulière auprès de ceux qui veillent sur la prospérité publique, puisque, outre les intérêts du commerce, il peut contribuer directement à vivifier les campagnes, qui sont les premières sources de nos richesses, et qui ont tant de droits à nous inspirer de l'intérêt . . . .

. . . .

Je vais passer à la description de quelques-uns des autres usages auxquels on peut employer l'acide muriatique oxygéné.

Il paraît qu'on peut s'en servir avec succès pour détruire le fond garancé des toiles peintes. Lorsqu'on a imprimé ces toiles avec plusieurs mordants, on les passe à la garance, où les dessins prennent différentes nuances, suivant la nature des mordants; mais le fond de ces toiles reçoit aussi la couleur de la garance. Cette couleur est beaucoup moins solide que celle qui a été fixée par les mordants, et il faut la détruire par le moyen de la bouse de vache et du son, et par de longues expositions sur le pré.

Je cherchai à suppléer à ces moyens par l'acide muriatique oxygéné; mais il arriva que les couleurs qui devaient être conservées furent elles-mêmes fort altérées. M. Henri, savant chimiste de Manchester, éprouva que les carbonates, soit de potasse, soit de soude, empêchaient ce mauvais effet de la liqueur, et il s'en est servi depuis lors avec succès....

M. Decroisille m'écrivit, à peu près dans le même temps, qu'il avait fait la même observation, et je la vérifiai bientôt en me servant du procédé que j'ai décrit à l'occasion de la lessive de Javelle, en étendant de beaucoup d'eau la liqueur que l'on obtient par là.

M. Oberkampf, à qui je communiquai ce procédé, et qui ne néglige rien de ce qui peut contribuer à la perfection de sa belle manufacture de Jouy, ne tarda pas à commencer des essais qu'il continue et qui promettent un heureux résultat pour les couleurs dans lesquelles le fer n'est pas encore employé, car celles-là sont affaiblies. Les rouges, au contraire,

Coton.

1,2,3,4. Boutons et fleurs. — 5. Fruit. — 6,7,8,9,10. Capsule
à différentes époques de la maturité.

prennent plus d'éclat que par le procédé ordinaire....

J'ai fait voir qu'on pouvait blanchir, par le moyen de l'acide muriatique oxygéné, la cire végétale, qui est verte. Je n'ai pu, il est vrai, lui donner un blanc égal à celui que prend la cire d'abeilles; mais elle ne retient qu'une teinte jaune, et se rapproche beaucoup, par ses autres qualités, de la cire ordinaire.

J'avais aussi éprouvé que la cire jaune pouvait blanchir par ce moyen; mais il m'a fallu refondre cette cire et répéter plusieurs fois l'opération pour la bien blanchir, et j'ai jugé que les frais seraient trop considérables pour qu'il convînt de substituer ce procédé à celui dont on fait usage. Mais le chevalier Landriani m'a écrit que le baron de Born avait éprouvé que la cire jaune se blanchissait fort bien lorsqu'on l'exposait à la vapeur de l'acide muriatique oxygéné, et qu'il se proposait de créer un établissement pour ce blanchiment. Or, comme ici la vapeur n'offre pas les principaux inconvénients que je lui ai reconnus pour les étoffes, je ne serais pas surpris qu'on pût se servir avantageusement de ce procédé.

On sait que Chaptal a fait une application héureuse de l'acide muriatique oxygéné pour rétablir les vieilles estampes et les livres qui sont dégradés, ainsi que pour blanchir la pâte du papier.

J'ai annoncé, dans mes premiers mémoires, que l'on peut se servir de cette liqueur pour éprouver la solidité des couleurs et pour découvrir, en quelques instants, quelles dégradations l'injure du temps devra y produire.

Un grand nombre d'expériences m'ont convaincu de cette propriété, et je n'ai rencontré jusqu'ici qu'un très petit nombre d'exceptions; je crois même que l'on ne sera jamais trompé lorsqu'on mettra dans la même liqueur, pour servir d'objet de comparaison, un échantillon d'une même couleur, de la bonté de laquelle on sera assuré (1).

« Si, en tenant compte de tous les usages auxquels, au début même de sa pratique, l'emploi de l'acide muriatique oxygéné fut appliqué par l'auteur lui-même de la découverte de ses propriétés de blanchiment et par ses amis et ses émules, et dont il vient de nous donner lui-même le détail, on y joint tous ceux que, pendant le siècle presque entier qui s'est écoulé depuis, les progrès industriels et artistiques y ont

(1) *Annales de chimie*, tome II. Année 1789.

ajoutés, on conviendra avec nous que cette découverte fut une des plus importantes applications de la chimie aux arts qui aient marqué les débuts de ce grand mouvement que les lumières des sciences physiques, en pénétrant dans nos manufactures, dans nos ateliers, ont déterminé non seulement en France, mais dans toute l'Europe.

» Nous n'avons pas ici à décrire les méthodes actuellement employées dans la production de l'acide muriatique oxygéné devenu le *chlore*, non plus que dans son emploi comme agent de blanchissage.

» Nous dirons seulement qu'à part les améliorations de procédés, prévues du reste par Berthollet et amenées par le développement de deux des branches principales de nos arts industriels, la fabrication, sur une échelle de plus en plus vaste, des *produits chimiques* et le perfectionnement qu'on pourrait appeler *inouï* de la mécanique, Berthollet a créé, ce qui est fort rare dans les arts, tout d'une pièce le blanchiment qui mérite ainsi de ne jamais perdre le nom du grand chimiste (1). »

———

Le *henné* est un arbrisseau qui croît dans l'Inde, et qui est cultivé en Egypte et principalement dans les environs du Caire. Il était connu des anciens sous le nom de *cyprus*, et il était employé à la teinture des enveloppes des momies.

On broie les feuilles après les avoir fait sécher rapidement; on en fait ensuite une pâte dont on se sert pour teindre en rouge orange les ongles et la paume des mains.

Le henné, réduit en poudre, a une couleur olive. Il donne, par l'ébullition de l'eau, un liquide d'un jaune orangé très foncé et chargé de beaucoup de parties colorantes.

Par une longue exposition à l'air, ce liquide étendu d'eau

(1) On doit encore à Berthollet un moyen facile de préserver l'eau de toute altération pendant les voyages de long cours; il suffit de charbonner l'intérieur des futailles dans lesquelles on l'embarque.

perd une partie de sa couleur sans changer de ton, et il s'y forme des pellicules brunes.

L'acide muriatique oxygéné en détruit la couleur; mais il en faut une proportion considérable pour produire cet effet.

Les acides en affaiblissent la nuance, les alcalis la rendent plus foncée; mais ni les uns ni les autres ne troublent sa transparence. L'eau de chaux agit comme les alcalis, mais elle trouble le liquide....

En résumé, « le henné est très abondant en substance colorante; c'est avec la laine qu'il peut être employé le plus avantageusement; on peut en obtenir des couleurs fauves solides quand il est employé seul; et, par le moyen de l'alunage et de l'addition de sulfate de fer, il donne différentes nuances de brun qui peuvent être avantageuses par le bas prix, la variété des teintes et la solidité de la couleur (1). »

Le carthame est la fleur d'une plante qui ne se cultive presque qu'en Egypte et qui est un objet de commerce pour ce pays.

Il est employé en Europe pour teindre la soie en ponceau, cerise, nacarat. Le rouge, qui sert à prêter aux femmes le coloris de la rose, est composé de la substance colorante du carthame, mêlée avec la poudre très fine du talc.

Les teinturiers d'Europe se servent très rarement du carthame pour le coton, auquel ils ne savent pas donner, par ce moyen, une couleur assez riche : ayant vu que les teinturiers égyptiens l'employaient avec succès, je me suis rendu dans un atelier avec MM. Descastels et Champy, fils, et nous avons fait teindre, en notre présence, une pièce de mousseline et une pièce de lin.

Le teinturier s'est servi d'eau de puits, c'est-à-dire qui contenait un peu d'alcali, pour dépouiller le carthame de la substance jaune qu'il faut séparer d'abord de celle qui doit

(1) *Observations sur les propriétés tinctoriales du henné.*

teindre en rouge : après une première macération qui a duré vingt-quatre heures, il a exprimé le carthame et l'a remis

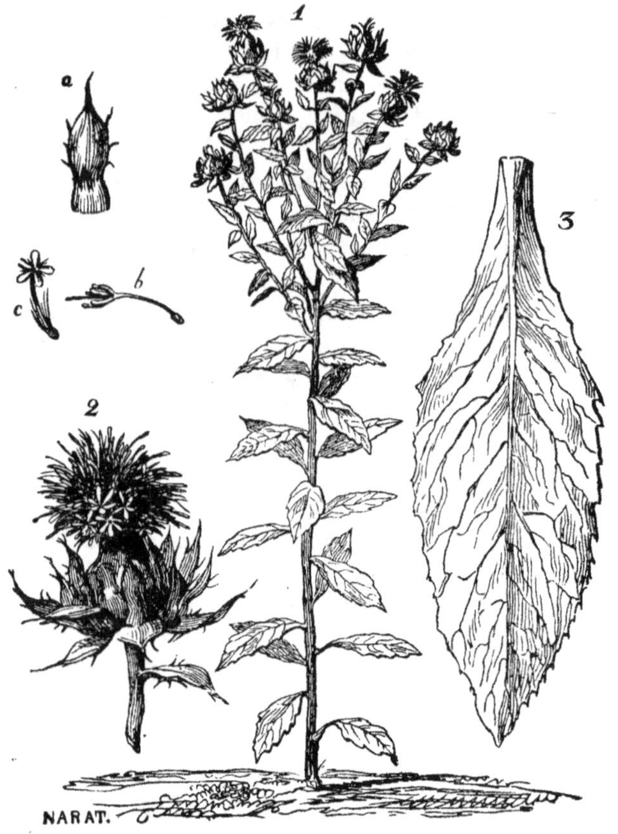

Carthame.

1. Plante complète. — 2. Fleur. — 3. Feuille. — *a*. Feuilles épineuses de la fleur. — *b*. *c*. Fleurons de la corolle.

dans une seconde eau par autres vingt-quatre heures, puis exprimé.

Dans cet état, le carthame a été mêlé avec le cinquième de son poids d'une cendre peu abondante en soude qui est achetée des Arabes, et porté sur la meule verticale d'un moulin banal. Après plusieurs tours de meule, le carthame a été recueilli pour être employé ; le teinturier a fait filtrer, à travers ce carthame, une médiocre quantité d'eau du Nil, de sorte que le liquide qui a filtré restât très chargé de substance colorante ; il a séparé la dernière portion qui a filtré et l'a employée la première en y mêlant un peu de jus de citron. Le coton était imprégné d'une faible couleur. Alors le premier liquide a été mêlé à une quantité considérable de suc de citron dans une chaudière placée sur un fourneau, et la teinture a été faite dans le bain chauffé entre trente et quarante degrés. Bientôt le coton a pris une couleur très saturée. Au sortir du bain, il a été passé dans une eau rendue acidulée par le suc de citron, puis séché.

Le lin a été traité de même, et il a pris, par ce moyen, une couleur moins saturée, mais encore très belle....

Le coton teint par le carthame ne supporte pas l'action du savon, parce que sa partie colorante est soluble dans les alcalis ; il prend donc une teinte violette qui se délaie dans l'eau. On peut cependant lui faire subir un léger savonnage en le passant incontinent après dans une eau acidulée par le jus de citron ; par là il ne reprend pas sa première couleur, mais une nuance lilas qui est encore agréable. La couleur du carthame ne supporte que faiblement l'action du soleil ; mais elle s'affaiblit sans changer de ton, et on peut lui rendre sa première couleur par une seconde teinture (1).

(1) *De la teinture du lin et du coton*, par Berthollet. — *La décade égyptienne*, 1er vol., an VII (1798-1799).

CHAPTAL

JEAN-ANTOINE CHAPTAL

1756 — 1832.

I

É à Nogaret (Lozère) le 5 juin 1756, CHAPTAL appartenait à une de ces familles anciennes et respectées au sein desquelles les exemples et les traditions s'unissent pour inculquer dans l'âme des jeunes générations les principes les plus sévères, en même temps que les sentiments les plus délicats et les plus tendres.

C'est dans le laboratoire de son père, qui était pharmacien et s'occupait de chimie, autant que le lui permettaient l'état d'enfance de cette science et les ressources dont il disposait, que se passèrent les premières années du petit Jean-Antoine. L'enfant était curieux et intelligent ; le père ne manquait ni de bonté ni de patience, et dans les *pourquoi* et les *parce que* sans cesse échangés entre eux, naissait et grandissait cette habitude d'observation qui, mise plus tard au service d'une intelligence d'élite et d'un savoir profond, devait faire de Chaptal non pas seulement un des plus grands savants, mais un des hommes les plus utiles de son siècle.

Ce fut en épelant les étiquettes des bocaux de l'officine paternelle que Jean-Antoine apprit à lire, et, dans cet étrange alphabet qui eût rebuté les premiers efforts d'intelligence d'un enfant ordinaire, il puisa le goût des nomenclatures ardues et des difficultés à vaincre, en même temps qu'il y trouva des exercices de mémoire qui, plus tard, devaient lui applanir les premières difficultés de l'étude des sciences.

Jean-Antoine, ainsi préparé, entra à l'âge de dix ans au collège de Mende, où de rapides progrès signalèrent bientôt ses heureuses dispositions et fixèrent l'attention d'un de ses oncles, médecin célèbre de la faculté de Montpellier, qui, ne s'étant point marié, conçut le dessein de faire de cet enfant, si bien doué, l'héritier qui manquait à son nom et à sa fortune. Il voulut, pendant les vacances, le voir, étudier son caractère, ses aptitudes et, dès ce moment, charmé de tout ce qu'il trouva en lui d'espérances pour l'avenir, il lui voua une tendresse vraiment paternelle.

Les années s'écoulaient; du collège de Mende, le jeune Chaptal était passé à celui de Rodez, où il avait remporté des succès non moins brillants que ceux qui, à Mende, avaient marqué ses débuts.

A mesure qu'il avançait dans ses études, sa supériorité s'accusait plus nettement; il distançait si complètement ses camarades de classe, et son intelligence provoquait de la part de ses professeurs eux-mêmes un progrès si sensible dans la marche de leur enseignement, que l'on a pu dire en toute vérité que le séjour du futur savant au collège de Rodez « y marqua une nouvelle époque. » Quand il le quitta pour aller rejoindre son oncle à Montpellier, il fut décidé à l'unanimité que la chambre qu'il avait occupée ne le serait plus désormais que par l'élève qui aurait remporté les premiers prix, et on lit, dans les notes laissées par Chaptal, que « de tous les honneurs qu'il reçut dans le cours de sa vie, aucun ne le toucha plus vivement que celui-là. »

Lorsque Chaptal arriva à Montpellier, la faculté de médecine de cette ville était à l'apogée de sa renommée. Parmi les professeurs éminents qui y distribuaient un enseignement sans rival, on comptait Barthez et Lamure pour la physiologie, Venel pour la chimie et Gonoos pour la botanique.

Dans son empressement à puiser à ces sources abondantes, Chaptal se fit inscrire comme étudiant, sans même songer à s'accorder les quelques mois de repos et de vie de famille, qui d'ordinaire séparent les labeurs de *l'écolier* de ceux de *l'étudiant*. Son oncle, surpris de cette avidité de savoir chez un aussi jeune homme et ravi de la tournure sérieuse de son esprit, n'hésita pas à le présenter à tout ce que la ville comptait d'éminent dans les sciences et dans les lettres. C'est à ce rare bonheur d'être admis très jeune dans un monde d'élite, que Chaptal dut la courtoisie de manières, la facilité d'élocution, les formes bienveillantes qui devaient le distinguer plus tard comme homme d'Etat.

Les relations de société ne prenaient cependant qu'une bien faible partie du temps et tenaient peu de place dans les préoccupations du jeune étudiant, dont toutes les pensées se concentraient en une passion unique : la science ! Et pour satisfaire cette passion, quelles ressources, quels trésors n'avait-il pas à sa disposition !

« Les leçons éloquentes de Barthez excitaient, dans tous ceux qui l'écoutaient, un vif enthousiasme pour la physiologie. Entre les mains de ce génie profond la science achevait de se dépouiller de ses fausses doctrines, tour à tour empruntées à une mécanique, à une physique, à une chimie imparfaites. A la vérité, une sorte de métaphysique obscure y régnait beaucoup trop encore ; mais peut-être cette forme métaphysique était-elle aussi un de ces degrés par lesquels la science devait passer avant d'atteindre à cet état positif qu'elle n'a dû qu'aux travaux de Glisson, de Frédéric Hoffmann et surtout de Haller, travaux à jamais mémorables et qui ont enfin nettement posé le problème physiologique dans l'analyse directe des fonctions spéciales, des propriétés distinctes de chacun des éléments divers qui constituent nos organes.

» Il en est des sciences, ces produits de notre esprit, comme des produits mêmes de la nature. Elles ont leurs lois de développement, leurs évolutions, et, comme ces insectes qui n'arrivent à leur état parfait qu'après avoir passé par celui de lave et de chrysalide, elles sont obligées de passer aussi par une certaine suite de formes transitoires et subordonnées, avant d'arriver à leur forme parfaite et définitive.

» Chaptal ne pouvait tarder à partager l'enthousiasme général pour une science qu'enseignait un maître aussi habile et qui d'ailleurs offre par elle-même tant d'attraits. Mais il y mêlait ce goût si commun alors pour les systèmes, pour la dispute à laquelle les systèmes se prêtent si bien, en un mot pour tous les restes de l'ancienne scolastique. Une pareille tendance ne pouvait heureusement exercer un long empire sur une raison aussi sérieuse que l'était déjà celle du jeune étudiant. Aussi, a-t-il fallu qu'il nous en ait instruit lui-même dans ses notes pour qu'on ait pu s'en douter. »

Chaptal eut à Montpellier les mêmes succès qu'à Mende et à Rodez; il soutint, en 1777, une thèse brillante relative aux caractères qui différentient les sciences les unes d'avec les autres. Cette thèse eut l'honneur inusité de deux nouvelles éditions, et l'oncle du jeune et brillant docteur put croire que l'heure qu'il attendait impatiemment de l'associer à ses travaux était arrivée. Mais le goût que Chaptal avait d'abord montré pour la pratique de la médecine s'était considérablement refroidi et, sous le prétexte qu'il était encore beaucoup trop jeune pour se livrer à l'exercice d'un art aussi difficile, il obtint la liberté de se rendre à Paris pour y continuer et y compléter pendant deux ou trois ans ses études.

« Une fois échappé à ce qu'il appelait plaisamment la tyrannie médicale de son oncle, Chaptal sembla ne plus respirer que

Rue du Touat à Rodez (Aveyron).

pour la littérature. Dès son arrivée à Paris, il se lia avec Berquin, Lemierré, Cabanis, Roucher, Fontanes ; son génie facile semblait se plier également à tous les exercices de l'esprit, et il n'est pas jusqu'à la poésie qui ne l'ait un moment disputé aux sciences.

» Mais bientôt le besoin d'études plus sérieuses se fit sentir, et il revint avec une nouvelle ardeur à ces sciences qui, au fond, étaient sa véritable vocation et particulièrement à la chimie, suivant tour à tour les leçons de Bucquet, de Romé de Lisle, et se préparant ainsi, presque à son insu, au poste important auquel il allait être bientôt appelé. »

A peine, en effet, était-il de retour auprès de son oncle, après quatre ans passés à Paris, qu'une de ces coïncidences qui, si souvent, décident de l'avenir d'un jeune homme, lui ouvrit la voie qu'il ne devait plus quitter.

Pendant son séjour à Paris, Chaptal avait eu occasion de rencontrer au cours de Sage, à la Monnaie, le célèbre Joubert, son compatriote. Celui-ci, nommé bientôt trésorier-général des états du Languedoc, n'oublia dans son nouvel emploi ni son goût pour la chimie, ni le jeune étudiant, dont le talent et l'enthousiasme l'avaient à la fois étonné et charmé.

Il employa son influence à doter la faculté de Montpellier d'une chaire de chimie, et, de concert avec l'archevêque de Narbonne qui portait à Chaptal le plus vif intérêt, il obtint que cette chaire fût confiée à celui-ci, malgré son âge si peu avancé.

De ce moment date la carrière scientifique de Chaptal.

On touchait à la révolution qui allait bouleverser, ou à plus proprement parler, « créer la chimie. » Cependant l'ancienne doctrine phlogistique prévalait encore, et c'est cette doctrine que Chaptal enseigna dans ses premiers cours et dans son premier ouvrage.

II

« De toutes les sciences qui ont pour objet l'étude des phénomènes naturels, la chimie est celle dont le génie moderne semble pouvoir s'enorgueillir à plus juste titre, car elle ne doit évidemment rien au génie des anciens.

» Ceux-ci, en effet, n'ont pas même soupçonné l'action intime des molécules les unes sur les autres, source prochaine ou éloignée de tous les phénomènes qui se passent dans l'intérieur des corps; leur vue s'est presque toujours arrêtée à ce que l'étude de ces corps a de plus général; ils n'ont connu ni l'art de mettre de la précision dans les détails, unique base d'exactitude dans les vues d'ensemble; ni l'art, plus difficile encore, de décomposer les phénomènes complexes en leurs circonstances les plus simples, ce qui paraît le dernier-terme des forces de l'esprit humain et sur quoi repose le système entier de l'art des expériences.

» Aussi, tout ce qui demande de l'analyse a-t-il échappé aux anciens. Ils n'ont eu que des notions vagues sur la chaleur, sur l'électricité, ces ressorts si puissants et partout présents dans la nature. Ils ignoraient jusqu'à l'existence des gaz, ces agents cachés dont l'action est si énergique et si répandue.

» La théorie la plus générale à laquelle ils se soient élevés, celle des *forces occultes*, atteste par son nom même l'ignorance où ils étaient des *forces réelles et effectives ;* c'est parce qu'ils ne connaissaient pas la *pesanteur de l'air*, qu'ils avaient recours à *l'horreur du vide*. De même, plus tard, on n'eut recours au *phlogistique* que parce qu'on ne connaissait pas l'*oxygène*.

» La recherche des *forces réelles* est le caractère propre de la philosophie moderne, mais cette recherche dépend à son tour de l'art expérimental, de cet art qui, ainsi que je viens de le dire, décompose, distingue, isole, et ne s'arrête que lorsqu'il est parvenu aux dernières molécules des corps et aux circonstances les plus simples des phénomènes; art duquel dérivent d'une manière plus ou moins directe toutes les sciences modernes, et dans lequel consiste tout le secret de leurs forces.

» Or, de toutes les sciences qui s'occupent des phénomènes de la nature, nulle n'est plus intimement liée à cet art de l'analyse expérimentale que la chimie, que l'on pourrait appeler par excellence l'*art de l'analyse*. Et c'est pourquoi elle est venue une des dernières; c'est pourquoi, dès qu'elle a paru, elle a jeté une si vive lumière sur toutes les autres, car elle ne consiste pas seulement dans une certaine suite de faits à connaître, mais dans un ordre nouveau d'agents qui ont leur influence marquée dans tous les faits connus.

» Et c'est parce qu'elle remonte jusqu'aux principes constitutifs des faits, jusqu'à la nature même des corps que se partagent les autres sciences naturelles, que la chimie est devenue dès l'abord un secours immédiat pour chacune d'elles, et bientôt, si l'on peut s'exprimer ainsi, le lien qui les unit toutes. »

Nous ne suivrons pas plus loin l'illustre biographe de Chaptal, dont nous venons de reproduire l'éloquente parole, dans son exposition de la transformation de la chimie que nous avons racontée plus haut; nous nous bornerons à constater avec lui que chaque siècle a son caractère de grandeur, de gloire et d'utilité, caractère qu'il tire des événements qui s'y développent ou s'y accomplissent; ainsi la fin du xviiie siècle n'a-t-elle guère moins à se féliciter d'avoir vu naître, entre les mains de Lavoisier et de ses illustres coopérateurs, la chimie moderne, que la fin du xviie d'avoir vu naître, entre les mains de Newton, la découverte du vrai système du monde.

(1) M. Flourens.

Lorsque Chaptal débuta dans l'enseignement de la chimie, on était donc dans cette première ardeur que provoque une science naissante. Dès ses premiers cours, les auditeurs se pressèrent en foule à ses leçons, et le maître put, aussi bien que les disciples, se rendre compte que c'était bien réellement une lacune dans l'enseignement supérieur du Languedoc que, sur l'initiative de Joubert, les Etats de cette savante et littéraire province venaient de combler.

Notre jeune savant ne se bornait pas, d'ailleurs, à propager par des leçons les savantes théories dont il était un des adeptes les plus enthousiastes et un des plus sympathiques professeurs.

A l'exemple des Fourcroy, des Berthollet, des Vauquelin et de tant d'autres, il passait tour à tour des méditations du professorat aux investigations du laboratoire. Et déjà s'accusait en lui cette vocation spéciale qui lui a fait une place à part parmi les savants de son temps et qui devait le conduire à renouveler en quelque sorte l'industrie par la science.

III

Ce qui, en effet, a caractérisé plus que « tout le reste le talent de Chaptal, c'est la tendance qu'il avait à faire descendre sans cesse les vérités théoriques dans le domaine des applications usuelles. Pour lui, la science, devenue directrice de l'industrie humaine, n'avait de prix qu'autant qu'elle l'abrégeait ou la facilitait dans chaque travail, l'étendait à des objets nouveaux, en un mot la rendait féconde en produits. A ses yeux, le laboratoire du chimiste ne servait que de vestibule à l'atelier du fabricant.

» Ces idées qui sont aujourd'hui si familières, mais qu'alors partageaient peu d'hommes, il ne se borna pas à les exposer, à les rendre plausibles par des expériences nettes, décisives et variées. Il voulut que des preuves matérielles démontrassent que tenter des fabrications nouvelles d'après les découvertes de la science, ce n'est pas aventurer ses fonds. Trois cent mille francs, somme alors très considérable, laissés par son oncle, le mit à même de fonder à Montpellier un établissement de produits chimiques qui, chronologiquement, fut un des premiers de ce genre et qui, pour la première fois, donna au commerce français l'acide sulfurique, l'alun artificiel et la soude factice que jusqu'alors on tirait de l'étranger.

» Ces essais, quoique bien imparfaits encore, firent du bruit. Les états du Languedoc n'administraient plus les manufactures, l'agriculture et le commerce que par les avis de Chaptal. En 1787, ils obtinrent pour lui le cordon de Saint-Michel et des lettres de noblesse.

» L'Espagne, si peu sympathique pour les innovations en quelque genre que ce soit, le disputait à son pays, et le roi d'Espagne lui fit offrir une subvention annuelle de trente-six mille francs pour qu'il transportât ses établissements dans la péninsule.

» De l'autre côté de l'Atlantique, Washington lui écrivit jusqu'à trois fois pour l'engager à s'établir en Amérique.

» Diderot s'était un jour écrié : « Qu'il sorte des académies » un homme qui descende dans les ateliers, qui y recueille les » phénomènes des arts et qui les expose, pour qu'enfin les ar- » tistes lisent et les philosophes pensent utilement ! »

Un homme, un savant répondait enfin à ce pressant et légitime appel ; il entrait dans la lice qui lui était ainsi désignée, armé de toutes pièces pour soutenir glorieusement le combat du savoir contre l'ignorance, du progrès contre la routine.

C'était Chaptal, à qui rien ne devait manquer, ni le génie, ni la fortune personnelle, ni l'influence conquise, pour mener à bien cette glorieuse mission.

Au moment où nous sommes arrivé de ce récit, les tendances seules de Chaptal à poursuivre la réalisation de « ce véritable et heureux grand œuvre » qui, des cornues et des creusets de la vieille alchimie, allait faire sortir des richesses bien autrement immenses et favorables au progrès de la civilisation que cette transmutation des métaux si longtemps cherchée, étaient en jeu. Pour arriver à leur plein développement, il fallait à Chaptal un cercle d'action plus étendu ; les événements politiques se chargèrent de le lui offrir.

Chaptal appartenait à une génération et vivait dans un milieu que les idées de liberté, provoquées par le mouvement philosophique de ce même xviiie siècle, et exaltées par l'heureuse issue de la guerre de l'indépendance américaine, passionnaient à un point qu'on a aujourd'hui beaucoup de peine à imaginer. Il salua donc avec enthousiasme les débuts de la Révolution française, et n'hésita pas à s'engager avec toute l'ardeur de son âge et de son caractère dans le mouvement politique et social dont il ne prévoyait ni les emportements ni les excès.

Effrayé bientôt de la marche des événements, Chaptal, qui, par nature et par éducation, était ami de l'ordre et de l'autorité, essaya, non de réagir — il sentait que c'était impossible, — mais de se placer en dehors du tourbillon qui entraînait la France vers un abîme dont il était difficile de mesurer la profondeur.

Or, on sait qu'en ces temps de troubles et de tourmentes où se décide l'avenir des nations, la neutralité n'est pas permise : arrêté et mandé devant le tribunal révolutionnaire de Montpellier, Chaptal, comblé, on s'en souvient, des faveurs du roi, et possédant, en plus, cette supériorité personnelle qui aux yeux des esprits vulgaires est un crime, n'osait espérer que les preuves de « civisme » qu'il avait précédemment données lui évitassent le sort de Lavoisier et de tant d'autres. Dans le fond de son âme, il se préparait à subir le sort réservé par la terrible loi des suspects à quiconque avait le malheur de compter,

Fabrication de la poudre à canon.

A,B. Broyage du salpêtre, du charbon et du soufre. — C. Mélange des différentes matières. — D. Essayage de la poudre. — E. Lissage de la poudre.

parmi les hommes du moment, des ennemis ou simplement des envieux, lorsqu'un événement inattendu le sauva.

Nous avons dit qu'il avait été mis en prison ; « le comité du Salut public l'en fit sortir et l'appela à Paris, pour le consulter sur la fabrication de la poudre à canon, dont la consommation commençait à devenir prodigieuse et dont, jusqu'à ce jour, la matière première avait été presque exclusivement fournie par l'Inde.

» Les explications lumineuses et les promesses de Chaptal le firent placer à la tête des ateliers de Grenelle, pour y fabriquer en grand le salpêtre, bientôt convertible en poudre.

» La simplification qu'il apporta dans les procédés fut telle, qu'il en vint à fournir par jour trente-cinq milliers de ce terrible produit, dont on avait pu craindre un instant de manquer. On vit alors la France en fabriquer au delà de quinze millions de livres en un an.

» Aussi peut-on dire sans exagération que, comme Monge, Berthollet et Fourcroy, Chaptal fut alors un des hommes qui contribuèrent le plus efficacement à préserver le territoire français de l'invasion (1). »

IV

A partir de ce moment, la vie de Chaptal se confond avec l'histoire même du progrès, que l'industrie française a dû aux découvertes de la chimie ; « histoire d'un intérêt profond, puisque ce progrès dont nous parlons s'étend des sciences aux arts, et des arts à la prospérité des nations et au bien-être des peuples! »

Nous avons vu plus haut le parti que Berthollet avait su tirer

(1) M. Val. Parisot, *Bibliographie universelle.*

d'une des découvertes de Scheele en appliquant le chlore au blanchiment du fil et du coton. Chaptal, qui, déjà à cette époque, était l'ami de Berthollet en même temps que son collègue, fut un des premiers et des plus ardents à proclamer et à propager cette heureuse découverte. Non seulement il publia sur ce sujet un savant mémoire qui figure au premier rang parmi ceux de ses travaux qui devinrent le plus rapidement populaires (1); mais il fit de nombreuses recherches, afin d'étendre à d'autres substances que le fil et le coton le blanchiment par le chlore. Il l'appliqua notamment à la fabrication du papier, ce qui a permis de faire des papiers de la plus belle qualité avec les matériaux les plus communs. Il alla jusqu'à s'en servir pour nettoyer les anciens livres, les manuscrits, les estampes.

On sait quelle place le blanchiment des matières premières qui servent au tissage, ou des étoffes tissées elles-mêmes, occupe dans l'art de la teinture, dont Berthollet fut, à ce point de vue, un des principaux réformateurs. Tout en applaudissant, comme nous l'avons dit, à ce résultat heureux, Chaptal ne voulut pas laisser à Berthollet seul l'honneur d'élever nos teintureries au premier rang parmi celles, non seulement de l'Europe, mais de l'Asie, cette patrie par excellence des riches et solides tissus. Berthollet avait appliqué ses connaissances en chimie à la préparation des matières à teindre ou à imprimer — car, en l'espèce qui nous occupe, deux des principaux de nos arts manufacturiers sont en jeu, — Chaptal se chargea d'appliquer les mêmes connaissances à la teinture et à l'impression même des tissus, c'est-à-dire aux matières qui servent à les colorer.

Ceci est une des œuvres capitales de Chaptal, et demande, par l'importance des résultats obtenus, un paragraphe spécial. Nous avons auparavant à nous occuper de quelques découvertes d'un ordre plus général et qui rentrent d'ailleurs plus directement dans ce qu'on est aujourd'hui convenu d'appeler

(1) *L'Art du blanchiment.*

la fabrication de produits chimiques ; industrie qui a pris, en ces derniers temps surtout, un si immense développement, et dont le savant qui nous occupe fut le premier et véritable créateur.

Une des premières découvertes de Chaptal dans cet ordre de recherches fut celle qui concerne la formation de l'alun.

« L'alun est une des substances les plus employées dans les arts ; et comme cette substance est rare, il a fallu songer de bonne heure à la former de toutes pièces, c'est-à-dire par la combinaison décrite de ses principes constituants. On avait cherché, il est vrai, on était même bien près du succès, lorsque, parvenant le premier à reconnaître le vrai rôle que jouaient la potasse et l'ammoniaque dans la formation de l'alun, Chaptal put, dès 1788, produire cet alun avec facilité, avec abondance, et affranchir ainsi la France d'un impôt considérable et onéreux, qu'elle payait à l'étranger. »

Dès lors, le but principal de tous les efforts de l'illustre chimiste fut de débarrasser la France de ces besoins extérieurs, qui toujours livrent plus ou moins une nation à la merci des autres ; fidèle à ce principe, il devait consacrer sa vie à lui conquérir, si l'on peut s'exprimer ainsi, l'indépendance de ses ressources et de son industrie, et jamais dévouement patriotique n'a produit de plus grands, de plus durables effets.

Grâce aux belles manufactures que la mort de son oncle, arrivée sur ces entrefaites, lui permit de fonder, l'alun, les acides sulfurique, nitrique, muriatique, le sel de Saturne, etc..., ne furent plus importés d'Angleterre et de Hollande.

C'était le premier exemple d'une application aussi étendue de la science à l'industrie.

V

Nous ne sommes qu'à la première partie de la vie de Chaptal, et déjà cependant nous voyons qu'il a perfectionné plusieurs arts, qu'il en a créé quelques-uns, et ce qui, en ce genre, équivaut presque à une création, qu'il en a nationalisé quelques autres.

Cette belle couleur rouge que la garance donne au coton et à la laine était préparée dans le Levant, bien longtemps avant d'être introduite chez nous. De là le nom de *rouge d'Andrinople*, qu'elle porta d'abord. Lorsque nos fabriques voulurent enfin s'alimenter de ce nouveau produit en France, on fut obligé d'appeler des teinturiers grecs qu'on fit venir de Smyrne, et c'est à Chaptal qu'on est redevable de cet art.

Mais avant d'aller plus loin, rendons-nous bien compte de la série d'opérations qui constitue l'art de la teinture.

« Le mot *teindre*, dit l'éminent chimiste Persoz, pris dans son acception la plus simple, indique l'opération par laquelle une étoffe quelconque, blanche ou non, est plongée dans un liquide préparé et chargé d'une substance colorante qui la pénètre et s'y arrête.

» Ainsi le teinturier, en procédant aux opérations de son art, donne aux tissus une couleur quelconque dans tous les tons qu'elle est susceptible de produire. Connaissant les ingrédients qui concourent à la formation d'une couleur, il les associe à volonté ; son œil est là pour le guider et pour lui faire juger de l'opportunité de faire prédominer telle matière colorante sur telle autre, pour réaliser le ton et la nuance qu'il cherche.

» Y a-t-il à appliquer au tissu une substance tinctoriale qui s'y fixe par elle-même, l'indigo par exemple, il cherche les agents les plus convenables pour en opérer la dissolution sans nuire à l'étoffe ; puis, le bain préparé, il y plonge le tissu à une, deux, trois, quatre ou cinq reprises, jusqu'à ce qu'il ait contracté la nuance cherchée.

» Si une seule immersion lui donne une nuance trop forte, il lui est loisible d'étendre le bain au degré voulu, pour que deux ou trois immersions deviennent nécessaires, parce que les teintes sont toujours plus uniformes lorsque la couleur a été appliquée par couches successives, surtout quand il s'agit de tons extrêmes, très clairs ou très foncés.

» A-t-il à appliquer une couleur qui ne se fixe que par le moyen d'un auxiliaire, ou il charge l'étoffe du mordant convenable comme il le ferait d'une substance colorante, puis il la passe dans un bain de teinture ; ou il la passe dans la couleur et dans le mordant ensuite ; ou encore il réunit dans le même bain tous les éléments qui concourent à la formation de la couleur qu'il veut obtenir, puis il y plonge ou y fait séjourner l'étoffe durant le temps nécessaire.

» A-t-il des couleurs composées à réaliser, il interroge l'expérience et voit s'il convient ou non de développer sur l'étoffe les couleurs élémentaires qui rentrent dans la nuance composée qu'il veut produire, ou de les fixer simultanément.

» La teinture, telle que nous venons d'en établir les principes généraux, et l'impression des tissus se touchent de trop près pour être séparées, et cependant les procédés employés diffèrent essentiellement.

» C'est ainsi, par exemple, que la teinture s'applique aux fibres brutes et aux filés aussi bien qu'aux tissus, tandis que l'impression, qui exige une surface d'une certaine étendue, ne concerne que les tissus. »

Quoi qu'il en soit de ces différences, « l'art de colorer les fibres textiles par teinture ou par impression n'est pas arrivé à une méthode uniforme et régulière, telle que la peinture à l'huile ou la décoration des palais ; il est au contraire très multiple, non seulement par le nombre considérable des matières colorantes employées et empruntées aux trois règnes de la nature, et surtout, depuis une quinzaine d'années, aux progrès de la synthèse chimique, mais encore par les moyens d'action qu'il met en œuvre pour obtenir la fixation des couleurs et leur adhérence intime au tissu ; ces moyens d'action sont en même temps et plus compliqués et plus nombreux pour l'impression que pour la teinture.

» Une *indiennerie* réclame une mise en œuvre plus considérable, un personnel plus varié, en un mot, une suite d'opérations et un concours d'arts divers dont la teinture peut se passer.

» Enfin l'impression permet l'emploi de matières colorantes que la teinture repousse ; telles sont certaines couleurs minérales, le bleu d'outre-mer, par exemple. La formation de cette couleur exigeant une température élevée, il ne peut être question, en effet, de la former sur fibres. Son emploi dans la coloration des tissus est donc simple ; elle ne peut y être fixée que par l'albumine ou ses congénères (1). »

Nous en avons dit assez pour donner une idée à nos lecteurs des procédés employés dans les deux branches bien distinctes de la coloration des tissus, la teinture et l'impression sur étoffes, et pour les bien pénétrer de ce fait que l'art qui nous occupe, consistant dans une application continuelle des principes de l'affinité moléculaire, est fondé en entier sur les lois de la chimie. Il devait donc, plus qu'aucun autre, se modifier et se développer par suite du progrès de la chimie, ou plutôt il devait se transformer aussi complètement que cette science se transforma elle-même pendant la période dont nous avons esquissé l'histoire. L'un était la conséquence forcée de l'autre ; il est donc aisé de se rendre compte des motifs qui tournèrent, du côté de la teinture, la sollicitude attentive des créateurs de la chimie.

(1) M. Wurtz, *Dictionnaire de chimie.*

Un autre art, celui de la conservation et du développement
de la constitution et des forces de l'homme par une alimentation rationnelle en état de santé et par une médication
appropriée à ses maux en temps de maladie, c'est-à-dire
l'hygiène qui prévient les maladies et la médecine qui les
guérit, réclamait à un degré égal le concours de la science
nouvelle. Les observations, les travaux de Chaptal ne man-
quèrent pas plus à celui-ci qu'à l'autre. Aussi ses leçons et
ses ouvrages devinrent-ils bientôt les régulateurs de nos
pharmacies aussi bien que les guides de nos usines.

Encore, et en restant dans le domaine des arts industriels, la
teinture, dont le progrès semblait le préoccuper tout particulièrement, ne fut-elle pas le seul objet de ses soins : pendant
que prenait naissance dans sa pensée toujours active et toujours tournée vers l'utile un nouveau procédé pour fixer les
mordants dans la teinture en rouge, il s'occupait avec succès
de la fabrication du vert-de-gris, de la fermentation des vins
et de leur distillation ; il dotait enfin l'art céramique d'un nouveau vernis, grâce auquel nos poteries devaient acquérir une
supériorité incontestable sur les meilleurs produits similaires de
l'étranger.

VI

Chaptal, cependant, ne se contente pas de servir les arts
par ses recherches, ses découvertes, ses essais ; il s'occupe de
ceux qui les exploitent, et « pour élever l'industrie française
au point où il la veut, il s'efforce d'abord d'élever l'ouvrier au
niveau des connaissances exigées par l'art dont il s'occupe.

» Jusque-là, l'Etat n'avait rien fait pour l'instruction pratique de ce qu'on appelait alors « les artisans », cette portion
si nombreuse et si utile de la société. »

C'était là une lacune qui devait frapper un esprit aussi judicieux que celui de Chaptal. Les arts et les métiers, en effet, ayant leurs règles, et ces règles prenant leur source dans la science, un enseignement technique applicable à chaque profession a une impérieuse raison d'être.

Partant de ce principe, Chaptal, dans un travail célèbre sur l'enseignement des arts chimiques en France, demande quatre écoles distinctes pour l'enseignement de ce qu'il appélle les *arts de fabrique* : une pour les *travaux* de la *teinture* ; une pour le *travail des métaux* ; la troisième pour le *travail* des *poteries*, des *verreries* ; la quatrième pour la *préparation des sels*, l'*extraction* des *acides*, des *alcalis*, la *distillation des vins*, etc....

Des écoles de chimie appliquée forment le faîte de l'édifice et donnent la théorie de ces mêmes opérations, dont les écoles spéciales ont déjà donné la clef et la pratique.

Des principes non moins sûrs, toujours grâce à l'habile ingérence de Chaptal, interviennent dans les rapports qui s'établissent entre l'administration et l'industrie.

Les gouvernements jusque-là, pour assurer la consommation des produits du pays, avaient regardé la prohibition et la surtaxe des produits étrangers comme le seul moyen à mettre en usage. Chaptal en indique un autre plus juste et surtout beaucoup plus efficace : la supériorité des produits nationaux.

Et ainsi, « après avoir posé pour base des progrès de l'industrie l'instruction de l'artiste, il pose pour base du débit ou de la consommation la supériorité relative des produits.

» On sent que, sur toute cette matière, l'auteur pense et s'exprime en maître. On peut dire de son livre qu'il est également fait, et pour être médité par l'homme d'Etat, et pour être étudié par l'artiste ; c'est peut-être le premier livre auquel on a pu rendre ce témoignage, et telle devait être la récompense de la science qui se consacrait ainsi au bonheur des hommes !

» Chaptal, à ce moment, avait été appelé déjà au Conseil d'Etat, ce qui donnait une double force à sa parole. »

C'est au même titre qu'il fit, sur l'organisation de l'instruction publique, le rapport resté justement célèbre, et qui attache indissolublement son nom et sa mémoire à la création de cette nouvelle Université de France, dont l'enchaînement et le fonctionnement ont fait l'admiration de l'Europe, et ont, partout où cet important service a dû être remanié ou organisé, été pris pour guides et pour modèles.

Aucune question, on le voit, n'était étrangère à Chaptal; aucune, quand il était question d'enseignement public, de moralisation populaire, d'aide et de secours à offrir à ceux qui souffrent, ne lui semblait au-dessous de son génie. L'école primaire, l'école professionnelle entraient dans ses méditations pour une part au moins égale à ces écoles savantes, dont il devait rester une des lumières après en avoir été pour la plupart d'entre elles un des fondateurs, et pour les autres, par exemple l'*Ecole centrale*, un des promoteurs.

Appelé à l'Institut pour y remplacer Bayen, et en même temps professeur de chimie à l'école polytechnique, il n'épargnait aucun soin, aucune peine, aucun encouragement, pour former à la fois des ingénieurs militaires et des ingénieurs civils, capables « d'appliquer, dans leurs services respectifs, les découvertes successives et rapides de la science; découvertes auxquelles il contribuait si puissamment lui-même, bien qu'il eût soin, en toute occasion, d'en rapporter la gloire, d'en attribuer le mérite à Lavoisier. »

La modestie est, assure-t-on, la compagne fidèle du vrai mérite; la conduite de Chaptal, à cet égard, suffirait seule à justifier cette maxime, si elle était contestée.

Peu de ses contemporains furent aussi constamment favorisés que lui par l'éclat du savoir, par les honneurs, par la fortune, et aucun peut-être ne resta plus complètement simple, bienveillant, accessible à tous, plus empressé surtout à reconnaître le mérite de ses collègues, soit dans la science, soit dans l'administration, et à faire ressortir la part qui pouvait leur revenir dans ses œuvres et dans ses travaux propres.

Ses goûts étaient simples; il aimait la vie de famille et se plaisait à rappeler les souvenirs de sa jeunesse. Ses compatriotes étaient sûrs de trouver auprès de lui bon accueil, sages conseils, et, dans la mesure du juste et du possible, son appui ne leur faisait jamais défaut.

Comme tous les montagnards, il était profondément attaché à son lieu de naissance, et rien ne pouvait lui être plus agréable que d'en entendre parler, si ce n'est cependant d'en parler lui-même!

Cet attachement au sol natal et à tout ce qui le lui rappelait, qui fut, jusqu'à sa mort, un des traits distinctifs de son caractère, se manifesta tout particulièrement par la sollicitude attentive qu'il mit à encourager les efforts industriels qui se produisirent, on pourrait presque dire sous sa direction, dans les trois départements qui se partageaient l'honneur d'avoir vu naître et grandir son savoir : la Lozère, l'Aveyron et l'Hérault, et par le soin qu'il prit de favoriser les études d'abord, et la carrière ensuite, des jeunes gens de ces régions, dont les aptitudes intellectuelles lui furent signalées.

VI

Nous touchons, dans notre récit, à l'époque qui marqua l'apogée de la fortune de Chaptal comme administrateur et homme d'Etat : sa nomination au ministère de l'Intérieur (1800).

« Ce ministère, qui réunissait alors les manufactures, le commerce, l'agriculture, les beaux-arts, l'instruction publique, semblait avoir été fait pour lui. Du moment qu'il l'occupa,

Ecole centrale.

tc... y reçut une impulsion nouvelle. Dix années de troubles intérieurs et de guerres étrangères avaient tout compromis ; tout fut réparé ou créé par lui » avec une sûreté de vues, une fermeté de décision et une prudence qui n'eussent pu être surpassées.

En matière de manufactures et de commerce, la France n'avait pas eu, depuis Colbert, un ministre plus expérimenté et plus capable ; sous le rapport de l'agriculture, « cette mère nourricière de la France, » qui plus qu'aucune autre branche de notre industrie était en souffrance, ses vues semblent avoir été à la fois inspirées par Olivier de Serres et Sully, ces deux éminents législateurs de notre économie rurale. Quant à l'instruction publique et aux beaux-arts, nous avons dit quels services Chaptal leur avait rendus déjà, sans compter son action directe sur les progrès de l'enseignement des sciences.

Il faudrait un volume entier pour retracer, dans tous ses détails, l'œuvre admirable de réorganisation que son génie créa pour ainsi dire instantanément et tout d'une pièce. Nous allons essayer d'en donner un rapide aperçu.

En matière industrielle et commerciale, son premier soin fut de rétablir les Chambres de commerce : « ces moyens d'une correspondance éclairée, continue, entre le ministre et le commerçant. Au système des ports francs, ces anciens privilèges de certaines villes, il substitua le système des entrepôts, seul compatible avec la liberté nouvelle du commerce. »

Dans le but d'appliquer ce grand principe, que les encouragements au commerce doivent être surtout donnés en vue de l'industrie nationale qu'il avait eu l'honneur d'être un des premiers à émettre, il établit des primes d'exportation pour les produits de notre industrie.

« Il fit plus, il fit une chose digne d'être à jamais imitée par ses successeurs : il envoya des négociants instruits dans tous les pays pour y faire connaître les produits français, et leur ouvrir ainsi des débouchés nouveaux, » tout en étudiant les méthodes, les systèmes employés ailleurs, les matières premières et les ressources de tout genre qu'on y pouvait puiser au besoin.

Sa passion constante, qui était de faire entrer chaque découverte de la science dans la pratique industrielle, lui suggéra l'idée de la création des conseils de manufactures dont la mission fut d'améliorer sans cesse les produits de nos fabriques.

Il ne craignait pas, dans ce but, de payer largement de sa personne. « A Paris, il consacrait un jour de chaque semaine à visiter les manufactures, les ateliers, à y distribuer des secours à l'artiste, à y porter, à y maintenir les bonnes méthodes.

» Dans ses voyages avec le premier consul, il le conduisait dans les principaux ateliers. Se fait-on une idée de l'effet que devaient produire de telles visites ! Là, Chaptal observait tout; il corrigeait les procédés défectueux, il indiquait les bons. Arrivait-il, dans une de ces visites, que l'ouvrier auquel il donnait quelque explication parut ne le pas comprendre, Chaptal, quittant aussitôt son brillant uniforme de ministre, s'emparait des outils et exécutait lui-même l'opération. L'art d'enflammer les hommes est un don particulier; Chaptal le possédait à un rare degré : l'enthousiasme des ouvriers, la satisfaction que le premier consul se plaisait à lui témoigner, et surtout les traces ineffaçables que son passage laissait partout après lui, le prouvent surabondamment.

» A l'exemple de Colbert, qui enrichit la France de deux de ses fabrications nationales les plus florissantes, la draperie fine, en y appelant le célèbre ouvrier hollandais, Van Robais, et la bonneterie par les métiers, en y appelant Hindret, Chaptal fit venir d'Angleterre les ouvriers les plus habiles dans l'art, alors nouveau, de la filature de la laine et du tissage du drap au moyen de la mécanique. »

Enfin, la Société nationale pour l'encouragement des arts

et métiers fut fondée par l'initiative de Chaptal, qui en fut le
premier président, et qui, réélu chaque année jusqu'à sa mort,
ne cessa de lui apporter son concours le plus actif.

Nous n'avons pas à insister sur les services rendus à l'industrie par cette société, au sein de laquelle son dernier
président, M. B. Dumas, récemment enlevé à la science, a con-
tinué, avec un rare talent et un admirable dévouement,
l'œuvre et les traditions de son éminent fondateur. Le siège
de cette société, dont font partie nos savants les plus dis-
tingués, et qui a largement contribué au progrès des sciences

Atelier de teinturier.

et à la prospérité de notre industrie et de notre commerce, est
aujourd'hui place Saint-Germain-des-Prés, à Paris. Le comte
Chaptal, fils de l'illustre savant et héritier de son ardent
patriotisme ainsi que de son dévouement à toutes les œuvres
qui peuvent contribuer à la grandeur et à la prospérité de
la France, en est un des membres les plus actifs.

Une autre fondation de la plus haute importance, celle des
arts et métiers, est également due à Chaptal.

Par ses soins encore, le Conservatoire des arts et métiers,
l'Ecole de médecine de Paris, celle de Montpellier, reçoivent
de riches accroissements et une organisation meilleure.

Le Musée d'histoire naturelle de Paris, « ce premier établissement du monde en son genre, voyait une grande partie de son jardin occupé par un sol stérile; bientôt de grands travaux renouvellent ce sol, la culture s'en empare, et la reconnaissance publique y attache le nom de Chaptal en l'associant à celui de Buffon.

» A côté des *allées de Buffon* sont les *carrés Chaptal.* »

Ce même nom s'attache encore à trois objets d'un ordre monumental :

« La rivière de l'Ourcq détournée et ses eaux conduites à Paris par un canal de vingt lieues; une des ailes du Louvre achevée et l'autre commencée; les quais qui bordent la Seine, repris et continués dans toute leur étendue. »

Là ne se bornait pas l'activité du grand ministre. En même temps qu'il contribuait ainsi à l'assainissement et à l'embellissement de la capitale, il créait des établissements qui devaient placer son nom au premier rang parmi ceux des bienfaiteurs du peuple. « Afin de prévenir ces terribles disettes, dont le souvenir, à son époque, était encore vivant dans la mémoire du peuple, il créait un dépôt de blé suffisant pour parer à toutes les éventualités. Une sympathie touchante et sublime pour une des plus douloureuses préoccupations des familles pauvres, lui inspirait la fondation de cet hôpital de la Maternité, où la femme indigente reçoit les secours de l'art médical au moment où elle les réclame au titre le plus sacré, au titre de mère. » Enfin, toujours dans le même ordre d'idées philanthropiques, il instituait le Conseil général des hospices qui devait apporter une unité, un ordre si désirables dans l'économie de ces grands asiles, et préparer la voie à cette organisation, unique peut-être au monde, qui, sous le nom d'*assistance publique*, a centralisé, entre les mains d'une administration uniforme et facile à contrôler, les intérêts des classes nécessiteuses et les secours à leur accorder.

Nous abrégeons à regret cette partie de l'histoire de Chaptal.

Ecole des arts et métiers.

9

Qu'il nous soit permis cependant de rappeler « à quel point furent
portés ses soins délicats, sa prévoyance active pour les malheurs
des hommes de lettres, des savants, des artistes. C'est de la
réunion de toutes ces choses, monuments de la philanthropie
de son âme, non moins que de l'étendue de son génie, que
s'est formé le caractère particulier de son ministère ; mais ce
qui en constitue, à vrai dire, l'esprit, le système, c'est d'avoir
placé, dans chaque branche de son administration, les éléments
et les garanties de ses progrès. »

VII

En quittant le ministère où il laissait, avec d'universels
regrets, le germe de toutes les améliorations qu'il n'avait pas
eu le temps de réaliser lui-même dans les différentes branches
de service qu'il avait réorganisées ou créées, Chaptal entra au
sénat, qui l'éleva bientôt à une de ses principales dignités.

A certains égards, d'ailleurs,. son influence ne s'était pas
amoindrie. En tout ce qui touchait aux arts, au commerce,
aux manufactures, on avait en lui une confiance entière, et cette
confiance ne fit que s'accroître quand il eut quitté le ministère,
et qu'ainsi, rendu aux sciences, il affirma plus nettement et
plus brillamment que jamais sa compétence en ces matières,
par la publication d'un de ses plus beaux ouvrages. Cet ouvrage,
la *Chimie appliquée aux arts*, qu'il méditait et préparait depuis
longtemps, devait être le complément de ceux qu'il avait
publiés jusque-là, et, si l'on peut ainsi parler, le couronne-
ment de son œuvre.

« Tout art dépend d'une science, mais il en est séparé
d'abord par un intervalle immense, de façon que conduire l'art
jusqu'à la science ou réciproquement la science jusqu'à l'art

est, en tout genre, un des pas les plus difficiles et les plus lents que fasse l'esprit humain; c'est aussi le pas le plus grand que puisse faire un art quelconque; car ce n'est qu'à partir de ce moment qu'il possède des principes rationnels, c'est-à-dire une théorie.

» Déjà Macquer et Berthollet avaient essayé de ramener à des lois constantes, les phénomènes de la teinture. Ce que ces grands chimistes avaient tenté pour un art en particulier, Chaptal osa l'entreprendre pour tous les arts en général. Son ouvrage, qui peut être considéré comme le premier essai d'une *théorie générale des arts chimiques*, a eu le double effet de porter dans les ateliers les lumières de la science, et de produire, aux yeux des savants, les faits que découvre la pratique journalière des artistes. L'un de ces deux effets n'était guère moins important que l'autre. »

Une science, en effet, pas plus que les arts qui en dérivent, ne saurait être inventée; on la découvre, on en condense les principes, on en classe les théories, on en détermine le but et les moyens; mais ces principes, ces théories, ce but et ces moyens ont existé de tout temps; si l'esprit humain ne les a entrevus que tardivement, ils n'en sont pas moins aussi anciens que le monde.

Voilà comment on peut expliquer les contradictions flagrantes qu'on relève chez les historiens de la science.

Parmi ceux, par exemple, qui ont tracé l'histoire de la chimie, les uns affirment que cette science remonte aux premiers âges du monde, d'autres soutiennent qu'elle compte à peine deux siècles d'existence.

Les uns et les autres sont dans le vrai, « mais en ce sens seulement que les premiers entendent par science ces lois immuables qui régissent la nature, ces admirables phénomènes d'accroissement et de destruction, d'éloignement et d'affinité, d'arrangement et de décomposition, qui ne constituent la science que lorsqu'on les a étudiés, classés et appréciés;

Vase antique.

tandis que les autres ne parlent que des efforts humains qui
ont permis de percer les mystères de la nature et de reconnaître
à quelles lois elle a soumis tout ce qui est. Tous enfin s'enten-
draient s'ils séparaient ce qui appartient aux faibles travaux
des hommes de ce qui constitue l'action immense des lois de la
nature.

» Depuis que la nature existe, les molécules obéissent aux
lois de l'affinité, à l'action de la pesanteur, aux principes de
la cristallisation ; mais ces règles, cette action, ces principes,
étaient inconnus avant les travaux des savants, prédécesseurs
immédiats ou contemporains de Chaptal. On peut donc dire
que la chimie de la nature est aussi ancienne que la nature
elle-même, mais que la chimie comme science, c'est-à-dire la
chimie des hommes, n'a pas, en effet, plus d'un siècle et demi
d'existence. »

Nous l'avons plusieurs fois répété, « une science ne se
borne pas seulement à pénétrer les lois de la nature ; elle doit
chercher de plus à faire de ces lois des applications utiles, et
c'est de là que naissent et se perfectionnent les arts.

» Toutefois, une foule de ces arts existaient, par une sorte
d'instinct, bien longtemps avant que la science, dont ils ne sont
qu'une application spéciale, eût pris un rang parmi les connaissances humaines : on fondait, on soudait, on forgeait les
métaux avant que la chimie existât ; on faisait du verre et des
émaux, on teignait des étoffes, on fabriquait des soieries avant
de savoir la chimie. »

Cependant ces arts ont marché avec incertitude et par une
succession de pratiques routinières, dites *secrets de métier*,
jusqu'au moment où la science, les éclairant soudain de son
flambeau, « est venue remplacer, par des principes arrêtés
et certains, cette foule de procédés empiriques qui avaient
jusque-là échappé à tout raisonnement. »

Or, tandis que, par sa *Théorie générale des arts chimiques*,
Chaptal répandait un jour nouveau sur tous les arts qui dérivent

de la chimie, il portait, par des traités spéciaux, une lumière plus directe et plus vive sur quelques-uns d'entre eux.

Le phénomène de la fermentation, jusque-là entouré de tant d'obscurité et qui ne devait du reste être complètement observé et déterminé que par des travaux de beaucoup postérieurs à ceux de Chaptal (1), ne pouvait manquer de fixer l'attention de ce savant observateur, dont les recherches à ce sujet dotèrent une de nos principales industries du célèbre *traité sur l'art de faire le vin,* qui n'a point encore cessé, malgré la transformation apportée dans la théorie de la fermentation et les modifications non moins importantes survenues dans l'outillage employé et dans la manière de procéder, de faire autorité dans l'espèce.

On ne s'étonnera pas que la teinture qui avait été, avec les produits pharmaceutiques, l'objet des premières applications de la chimie aux arts, faites par le jeune savant au début de sa carrière, vint de nouveau alors fixer son attention : au traité sur la fabrication du vin, succéda bientôt celui *de la teinture du coton en Europe;* et, par ces deux ouvrages, non seulement Chaptal rendit un éminent service à deux de nos plus importantes et prospères industries, mais il démontra, jusqu'à l'évidence, à quel point la chimie se prête aux besoins généraux et particuliers des arts les plus répandus et les plus anciennement connus, vérité bien établie aujourd'hui, mais alors encore fort controversée.

VIII

Une sphère d'action, plus étendue encore, s'ouvrit sur ces entrefaites pour Chaptal. Appelé au *Conseil supérieur des*

(1) Par ceux notamment de M. Pasteur.

manufactures et du commerce, qui fut créé à son instigation et d'après ses plans, en 1810, il en devint, dès l'origine, un des membres les plus actifs.

PARMENTIER

Le moment, on s'en souvient, était des plus critiques. D'un côté, l'Angleterre régnait sur les mers ; de l'autre, Napoléon dominait sur le continent. Alors s'établit le système continental, et, pour la France, le problème fut de tirer de son

propre sol, à force de génie et d'industrie, tous les produits
qu'elle tirait auparavant de ses colonies.

En matière d'alimentation, on vit naître, sous la pression
de ce besoin, la sucrerie indigène, remplaçant, comme matière première, la canne des contrées tropicales par la betterave
fournie par notre propre sol.

Chaptal prit une part considérable à cette heureuse inno-
vation qui devait, après bien des luttes et des incertitudes,
doter enfin nos départements du Nord d'une de leurs cultures
et de leurs industries les plus considérables.

Malgré le bon résultat des essais de laboratoires, malgré les
succès partiels obtenus par quelques timides fabricants, la
production du sucre de betterave rencontra, en France, cette
même opposition systématique qui avait si longtemps fait
repousser l'introduction de la pomme de terre. Il avait fallu
l'intervention ou plutôt l'exemple d'un souverain pour vaincre,
à cette occasion, l'esprit de routine. Cette fois, ce fut la
prompte et généreuse initiative d'un grand citoyen qui brisa
l'obstacle.

Louis XVI avait popularisé la *parmentière* en faisant
servir publiquement le précieux tubercule sur la table royale,
et en attachant la fleur de la plante à sa boutonnière. Chaptal
vengea la betterave de ses détracteurs et établit irrévocablement
ses vertus saccharines, en fondant de ses deniers, et à ses
risques et périls, la grande usine d'où sortit, en cette même
année de 1810, à laquelle nous a conduit notre récit, le
premier pain de sucre de betterave qui ait été fabriqué.
Désormais le problème était résolu : non seulement du sucre
d'un usage comestible pouvait être extrait de la betterave, mais
ce sucre cristallisable était susceptible d'être raffiné....

En teinture, c'est-à-dire en ce qui touche ces arts divers
et nombreux qui reposent sur la mise en œuvre de la laine, de
la soie et des matières textiles, arts dans lesquels la France
était devenue déjà ce qu'elle est restée depuis, sans rivale,

du moins en ce qui concerne les étoffes dites de luxe, Chaptal
fut l'âme des efforts qui eurent lieu sur différents points de
notre territoire pour y acclimater ou y encourager la culture
de la garance, du pastel, du safran et autres matières tinctoriales.

On essaya d'extraire l'indigo du pastel, et les investigations

Fleurs et fruits de l'arbre de campêche.

de la science, en cherchant à découvrir, dans le règne minéral,
quelques couleurs nouvelles, ouvrirent la voie aux mervei-
leuses découvertes qui ont été faites depuis dans ce sens.

L'influence exercée par le blocus continental sur l'essor que
prirent à ce moment en France les applications de la science
à l'agriculture et à l'industrie, nous conduit, par une tran-
sition d'autant plus naturelle que le souvenir de Chaptal et de

son génie est inséparablement lié à tout ce qui se produisit à ce sujet pendant cette période, à nous arrêter quelques instants au caractère particulier que prit, à cette époque, la fabrication française des étoffes de laine et de coton, et notamment celle des toiles imprimées et des toiles peintes.

Ce sujet est d'autant plus intéressant qu'il se rattache à une des questions les plus importantes de notre temps, en matière d'économie commerciale et surtout coloniale.

On reproche à la France de ne pouvoir entrer en concurrence, sous le rapport du bas prix, avec l'Angleterre et avec l'Amérique, dans l'approvisionnement des produits manufacturiers des populations sauvages ou barbares des pays que protège notre drapeau et de ceux où pénètrent nos explorateurs et notre commerce.

Les explications données par les économistes sur cet état de choses varient presque à l'infini; selon les uns, il faut s'en prendre aux mesures administratives qui régissent notre commerce; selon les autres, la faute en est à la trop grande élévation des salaires; d'autres encore l'attribuent à l'organisation des manufactures, qui, selon eux, serait défectueuse; ceux-ci voient le remède dans une liberté commerciale absolue; ceux-là dans des mesures restrictives sévères. Enfin, tous s'accordent généralement à critiquer l'organisation et l'insuffisance de notre marine marchande.

Nous n'avons pas à examiner ici ce qu'il y a de fondé dans ces diverses critiques, nous n'avons à faire le procès ni du libre échange absolu, ni des mesures restrictives et fiscales exagérées, points extrêmes entre lesquels, croyons-nous, se trouvent, selon les circonstances, la sagesse et la justice; mais il nous semble que nous avons le devoir d'expliquer la cause primordiale de cette différence de prix, ou pour nous exprimer plus justement, *de valeur,* entre les produits manufacturés français et anglais.

« Le système continental, disait en 1868, dans la *Statistique du Haut-Rhin*, un des hommes les plus compétents de notre époque en ces questions, M. Penot, alors secrétaire de la *Société industrielle de Mulhouse*, et devenu depuis directeur de la *célèbre Ecole de commerce de Lyon*, — le système continental ouvrant pour débouché à la France l'Europe presque entière dont l'Angleterre était exclue, ces deux grandes rivales durent prendre chacune un essor de nature bien différente.

» La France, devenant la nation prépondérante du continent, tandis que par ses flottes puissantes l'Angleterre s'arrogeait l'empire des mers, perdit sa marine marchande, et son commerce maritime devint nul. Alors nos manufacturiers n'eurent qu'à satisfaire les besoins du continent, et nos richesses, notre gloire militaire, jointes à nos conquêtes, ayant considérablement augmenté le nombre des marchés sur lesquels on admettait nos produits, ce fut surtout par les étoffes de luxe que notre industrie des tissus accrut sa prospérité.

» L'Angleterre, au contraire, ne pouvant plus exploiter que les parties les moins civilisées du monde, dut se préoccuper de produire des masses et d'arriver au meilleur marché possible. De là, la nécessité de diminuer considérablement la main-d'œuvre. Aussi voyons-nous que c'est dans la mécanique que se manifeste surtout son esprit inventif.

» Qui pourrait, en effet, contester que ce ne soit à la nécessité de produire vite et à bas prix que furent dues ces merveilleuses machines qui, des grands centres manufacturiers de l'Angleterre, ont passé, pour s'y populariser et quelquefois pour s'y perfectionner, sur tous les points du monde civilisé.

» Les découvertes en ce genre, faites de l'autre côté de la Manche, de 1800 à 1820, furent considérables et décisives ; elles firent entrer et confirmèrent l'industrie anglaise dans la voie qu'elle a constamment suivie depuis : simplifier les modes de fabrication, tirer les matières premières, sans se trop soucier de leur qualité, des pays où elles se trouvent à meilleur marché, et enfin écouler vite et beaucoup. »

On pourra nous objecter que depuis 1820 la situation s'est complètement modifiée. Aujourd'hui la France, proportion gardée du chiffre de sa production en filés et en tissés, n'emploie guère moins de machines que l'Angleterre, et nos machines ne sont pas moins puissantes que celles de nos voisins d'outre-Manche.

Le fait est incontestable ; mais l'amélioration constante et successive des produits de nos manufactures, à quel type de fabrication qu'elle se rapporte, n'en est pas moins restée la grande préoccupation de nos manufacturiers de tout genre. Leur devise est toujours celle que Chaptal avait inculquée à leurs devanciers et qu'on ne saurait trop glorifier : « assurer l'extension du commerce par la supériorité des produits, » tandis que l'Angleterre, conservant également son système manufacturier, continue à poursuivre le même but en renversant la proposition.

IX

La chute de l'empire marqua dans la vie de Chaptal le début d'une période de calme relatif et de travail persévérant qui enrichit singulièrement les annales de la science.

Oublié pendant plusieurs années par le gouvernement de la Restauration et libre ainsi de se consacrer exclusivement à mettre de l'ordre dans les travaux de toute sa vie, il coordonna et rédigea son grand ouvrage sur l'industrie française, l'œuvre la plus éminemment nationale qui fût encore sortie de sa plume, et le plus beau monument qu'il ait laissé de son administration comme ministre.

« A considérer l'industrie d'une nation à un point de vue général, dit M. Flourens dans l'éloquent panégyrique qu'il a fait de la vie et des œuvres de Chaptal, — panégyrique qui nous a servi de guide dans la présente étude et auquel nous avons emprunté d'assez nombreux passages, — trois branches principales la constituent : l'agriculture, les manufactures et le commerce. »

L'objet que se propose Chaptal dans l'ouvrage dont nous venons de parler, est de suivre le développement pris par chacune de ces trois branches, depuis 1789 jusqu'en 1819, c'est-à-dire pendant une période de trente années.

« Or, pendant ces trente années, tout a pris en France une direction nouvelle, tout a changé de face.... Mais le tableau de ces transformations étonnantes n'est pas ce qui frappe le plus dans l'ouvrage de Chaptal ; ce sont les rapports qui subordonnent tous les progrès entre eux ; c'est le lien qui unit entre elles toutes les branches de l'industrie ; c'est surtout cette masse de faits rassemblés pour la première fois, et sur lesquels on voit s'appuyer et se mouvoir en quelque sorte tous les rouages du mécanisme social. »

A ce grand travail, publié en 1819, Chaptal fit succéder, en 1823, *la Chimie appliquée à l'agriculture.* « Déjà, et dans un ouvrage où brillent des vues profondes, un des plus grands chimistes de l'Angleterre et du siècle, Davy, avait jeté les premières bases de l'application de la chimie à l'agriculture. Chaptal, dans un ouvrage méthodique et clair, étend ces bases. Aux lumières propres de la chimie, il joint celles de la physiologie végétale, deux sciences qui, réunies, constituent en effet la théorie de l'agriculture.

» On lit avec intérêt, dans ce livre, tout ce qui se rapporte à la doctrine des assolements, à la culture des prairies artificielles, à la multiplication des bestiaux, ces trois grands faits sur lesquels repose l'agriculture moderne.

» On y lit, avec un intérêt plus vif encore, ce qui a trait à la fabrication du sucre de betterave, cet art que Chaptal a si puissamment contribué à populariser en France, et qui, dit-il, « lorsqu'il aura pris toute son extension en se liant aux exploi-

» tations rurales qu'il enrichira, fournira chaque année, *et sans*
» *nuire à la production d'un seul grain de froment*, un four-
» rage précieux pour la nourriture de plusieurs milliers de
» bœufs ; procurera chaque hiver du travail à plusieurs milliers
» d'hommes et enrichira la France d'un revenu annuel de
» plus de quatre-vingts millions. »

L'état actuel de l'industrie sucrière en France, en justifiant à
la lettre les prévisions de Chaptal et en donnant à ces prévisions toute la force d'une véritable prophétie, suffirait à lui
seul, ce nous semble, pour mettre en lumière la sagacité de
ses observations et la justesse de ses calculs.

Ce travail sur la chimie appliqué à l'agriculture fut le dernier ouvrage d'intérêt général publié par Chaptal, et mit en
quelque sorte le sceau à sa vie scientifique. A l'autorité du
savant se joint dans ces pages, qui ne sauraient être trop
répandues dans nos campagnes, le charme d'un style à la fois
clair, concis, élégant, et on ne sait ce qu'on y doit le plus
admirer de la sagesse des préceptes ou de la forme sous
laquelle ils se présentent.

Nos lecteurs en jugeront par les fragments que nous en
reproduisons plus loin.

X

Nous avons dit que la Restauration sembla d'abord disposée
à oublier de parti pris le savant et l'homme d'Etat, qui, honoré
de l'estime et de la confiance du premier consul et de l'empe-
reur, avait pris une part si brillante et si active, non seulement
aux progrès de la science et de l'industrie, mais à la réorganisation de tous les services publics.

Par la répugnance qu'il avait constamment montrée à se

mêler de politique, et surtout par la délicatesse de conscience
et l'indépendance de caractère qui lui avaient fait abandonner
le ministère, auquel il était d'autant plus attaché qu'il s'y sentait utile et y trouvait constamment l'occasion de déployer
toutes les ressources de son génie, plutôt que de se prêter à
une mesure que sa conscience n'approuvait pas, Chaptal ne
méritait certes pas cette espèce d'ostracisme.

Il ne s'en plaignit cependant pas et ne fit rien pour chercher à y mettre un terme. Il ne lui déplut même pas de rentrer
ainsi dans la vie privée, car nul ne fut jamais moins ambitieux
que lui. Si, en 1807, il avait été profondément blessé par la
demi-disgrâce qui l'avait atteint, c'est que, sincèrement
attaché à Napoléon et dévoué aux intérêts de la France et
à la gloire de son souverain, il avait été atteint dans son patriotisme et dans ses affections.

Nous avons dit comment il employa la liberté qui lui était
rendue, et quand, l'heure de la justice venue, c'est-à-dire lorsque, en 1818, il fut appelé à la Chambre des pairs, il ne témoigna
ni opposition rancunière, ni empressement servile. Il se borna
à prendre d'emblée dans cette assemblée, composée de tout ce
que la France comptait de plus illustre comme talents et comme
naissance, la place qui lui était due, et « là, entouré de toute la
considération qu'assurent un nom célèbre et d'immenses services rendus, » il se créa en quelque sorte un rôle à part, rôle
plein de dignité, de réserve et en même temps d'autorité;
prenant rarement la parole, il ne parlait que sur les matières
qu'il avait longtemps étudiées et n'intervenait dans une question que pour l'éclairer.

» On le vit dès lors partager son temps entre la Chambre
des pairs, la société d'encouragement pour l'industrie nationale, le conseil général des hospices et l'Institut, aux séances
desquels nul ne porta jamais ni plus d'assiduité, ni plus
d'intérêt, et dont les travaux, tous consacrés aux progrès des
sciences, l'ont occupé jusqu'à sa dernière heure. »

Il semble que, de tout ce que nous venons de dire, la grande et noble figure de Chaptal doit se dégager assez nettement pour qu'un portrait de ce puissant génie, qui fut en même temps un homme de bien et un homme utile, ait besoin d'être tracé d'une façon plus précise. Nous éprouvons cependant le besoin de résumer ce que nous avons dit en reproduisant les lignes suivantes empruntées à un de ses historiens qui fut en même temps son ami et son émule.

« Peu d'hommes ont été doués d'un esprit aussi étendu et aussi complètement dégagé de toute illusion, d'un jugement plus sûr, d'une raison plus droite et plus élevée, d'un cœur plus rempli de bienveillance et de tendresse. Dans ses écrits se font remarquer une intelligence d'un ordre supérieur, des vues nettes, un style noble, élégant, mais de cette noblesse et de cette élégance que comportent les matières sérieuses et dont la juste limite est elle-même une difficulté de plus ; car comme l'a dit Fontenelle : « Ce qui ne doit être embelli que jusqu'à une certaine mesure, est ce qui coûte le plus à embellir. »

D'une forte constitution et d'une santé robuste qu'une sage sobriété et une remarquable régularité de vie avaient mises à l'abri des dangers qu'auraient pu leur faire courir les seuls excès qu'il se fût jamais permis — les excès de travail, — Chaptal devait connaître sur la fin de sa vie ces souffrances physiques qu'il semblait avoir, jusque-là, possédé le pouvoir de défier. Il mourut, le 29 juillet 1832, au milieu des souffrances les plus cruelles, consolé par les plus tendres affections de famille et fortifié par de fermes espérances religieuses.

Le compagnon fidèle de sa vie, le travail, ne l'abandonna pas non plus dans cette douloureuse épreuve ; son esprit, resté libre, s'occupa jusqu'à la fin, et avec une sérénité admirable, de ces sciences auxquelles il avait consacré sa vie et que nul n'était plus en droit que lui de regarder comme une des plus pures sources de ce qui peut fonder le bonheur des hommes.

« Nous croyons ne pouvoir faire mieux apprécier le caractère particulier des ouvrages de Chaptal, lesquels se propo-
saient toujours pour objet ce que nous appelons maintenant
la vulgarisation de la science, c'est-à-dire son application
à un art industriel quelconque mise à la portée de ceux qui
exercent cet art, quel que soit le degré de leurs connaissances
scientifiques, qu'en empruntant quelques pages à un de ces
ouvrages les plus célèbres et les plus utiles : *La chimie
appliquée à l'agriculture* (1). »

(1) Publiée en 1823.

DISCOURS PRÉLIMINAIRE

DE LA CHIMIE APPLIQUÉE A L'AGRICULTURE

I

Sans l'agriculture, les hommes seraient errants sur le globe, se disputant entre eux la dépouille des animaux et quelques fruits sauvages : on ne connaîtrait ni société, ni patrie.

En multipliant les subsistances, l'agriculture a permis aux habitants de chaque pays de se réunir pour se prêter des secours mutuels ; tandis que les uns travaillent le sol pour le forcer à produire, les autres cultivent les arts qui fournissent à la société les produits industriels dont elle a besoin. C'est ainsi que par des échanges et des communications réciproques furent créés le commerce et la civilisation.

Si le séjour des villes, la vie sédentaire et la pratique de plusieurs arts amollissent et énervent une portion de l'espèce humaine, l'agriculture conserve la population des campagnes dans un état de force, de santé et de bonnes mœurs qui répare sans cesse la partie dégénérée de la société, et ce n'est pas là un de ses moindres bienfaits.

Chez toutes les nations, l'agriculture est la source la plus pure de la prospérité publique : placées sous des climats différents, leurs productions et la culture varient à l'infini ; mais le commerce répartit les produits, et chaque peuple est ainsi appelé à jouir de tous les fruits de la terre.

Ces échanges respectifs ont lié les nations entre elles, les ont rendues dépendantes les unes des autres, et ont fait pénétrer partout les lumières et l'industrie.

L'agriculture est donc au premier rang parmi les hommes; par quelle fatalité son état a-t-il été si longtemps parmi nous misérable et avili?.... Par suite de cet état de misère et d'avilissement, l'agriculteur suivait aveuglément la routine qui lui était tracée, et, sans émulation, sans lumière, presque sans intérêt, la pensée d'améliorer ses cultures ne lui venait même pas.

Ce n'est qu'au moment où, par un sage retour aux vrais principes de justice, d'humanité et d'intérêt public, le droit de propriété a été respecté et protégé, l'impôt proportionnellement établi et les privilèges abolis, que l'agriculteur a senti renaître toutes ses forces, et qu'il s'est pénétré de l'importance et de la dignité de son état.

Alors les lumières se sont répandues dans les campagnes, les moyens d'amélioration s'y sont établis et propagés, et l'intérêt privé s'est pour jamais uni à l'intérêt général.

A cette époque, l'agriculture a pris un nouvel essor et ses progrès ont été rapides : la nature des sols a été mieux connue, la culture des prairies artificielles s'est répandue; on a établi la succession des récoltes sur des principes consacrés dans les pays où l'agriculture a fait le plus de progrès; le nombre des bestiaux s'est accru progressivement, et avec eux les engrais et les bons labeurs, qui sont la base de la prospérité agricole.

Il ne reste plus aujourd'hui qu'à éclairer l'agriculture par l'application des sciences physiques : tous les phénomènes qu'elle présente sont des effets des lois éternelles qui régissent les corps; toutes les opérations que l'agriculteur exécute ne font que développer ou modifier l'action de ces lois.

C'est donc à connaître ces lois, à constater leurs effets, à varier leur action que nous devons consacrer toutes nos recherches.

Et quelle étude plus attrayante pourrait-on offrir à l'agriculteur que celle qui a pour but l'explication de ces effets prodigieux qui chaque jour captivent ses sens et étonnent sa

Chaptal visitant ses propriétés.

raison? Sans doute l'observation lui a fait connaître la marche constante de la nature dans toutes ses opérations; il a pu juger des modifications qu'apportent dans les produits l'état de l'atmosphère, la variété des climats, la nature du sol. Ces connaissances pratiques suffisent même, à la rigueur, pour bien diriger une exploitation. Mais s'il est permis de remonter aux causes par les effets; si nous pouvons déterminer et expliquer l'action qu'exercent sur le végétal l'air, l'eau, la chaleur, la lumière, le sol, les engrais, etc., et faire à chacun de ces agents la part qui lui revient dans ces grands phénomènes, combien l'agriculteur n'en sera-t-il pas ému?

Jusque-là, témoin muet de toutes ces merveilles, il se bornait à les admirer; mais plus instruit, il sentira s'accroître son admiration en s'élevant jusqu'aux causes qui les produisent.

II

Convaincu que l'agriculture ne doit désormais attendre ses progrès que de l'application des sciences physiques, je crois devoir établir ici quelques principes généraux qui trouveront leurs développements dans cet ouvrage.

Les lois de la nature sont immuables. L'état naturel des corps, leur position respective, les changements qu'ils éprouvent, les phénomènes de composition et de décomposition qui animent la surface du globe, sont le résultat de l'action de ces lois.

Nous voyons d'abord deux lois générales qui paraissent régir la matière et en vertu desquelles tous les corps existent dans leur état naturel; la première s'exerce sur les masses, la seconde agit sur les molécules qui les composent : l'une est la loi générale d'attraction, l'autre la loi des affinités.

La loi d'affinité, la seule qui nous occupe en ce moment, tend sans cesse à rapprocher les molécules des corps; si cette loi agissait seule, les degrés de consistance que présenteraient les corps dans leur état naturel dépendraient rigoureusement de la différence d'affinité qui existe entre les molécules dont ils sont composés; mais son action est balancée et modifiée par celle du fluide de la chaleur, inégalement réparti entre toutes les substances, et qui tend à éloigner les uns des autres les éléments que l'affinité cherche à réunir.

L'affinité seule ne formerait que des masses solides, inertes et plus ou moins compactes; le fluide de la chaleur ne produirait que des gaz ou des substances aériennes, tandis que l'action combinée de ces agents nous présente des corps à l'état solide, liquide ou fluide selon le degré d'intensité des forces de chacun d'eux.

L'état naturel des corps est donc dû à l'action combinée de la loi d'affinité qui rapproche leurs éléments, et de celle du fluide interposé de la chaleur qui les sépare et les éloigne.

Les variations de température qu'éprouve l'atmosphère dans les diverses saisons de l'année, suffisent pour opérer des changements de consistance sur quelques corps : l'eau se présente à nous sous la forme de solide, de liquide ou de vapeur selon ces variations.

L'homme qui dispose à son gré du fluide de la chaleur peut produire des changements notables dans l'état naturel des corps; il augmente ou diminue à volonté leur consistance et les fait passer réciproquement à l'état solide ou liquide, selon qu'il ajoute ou qu'il extrait de ce fluide.

Les changements qui s'opèrent par l'addition ou la soustraction du fluide de la chaleur ne sont pas permanents; les corps rentrent dans leur état primitif et naturel du moment que la cause a cessé d'agir, et ils abandonnent à ceux qui les entourent l'excédant du fluide dont on les a pénétrés, ou bien ils reprennent celui qu'on leur avait enlevé. Ces changements de forme et de consistance n'altèrent pas la nature des corps ; mais en rapprochant ou en écartant les molécules, ils augmentent ou diminuent leur cohésion et leur affinité, et les disposent à contracter de nouvelles combinaisons.

Les principes que je viens d'exposer ne sont rigoureusement applicables aux substances animales ou végétales, à quelques autres corps composés, qu'autant qu'on ne leur applique qu'une faible chaleur; leurs principes constituants n'en exigeant pas tous le même degré pour passer à l'état liquide ou gazeux, il s'ensuit que les uns peuvent prendre l'un ou l'autre de ces états par une chaleur supérieure à celle de l'atmosphère et se séparer de ceux qui restent fixes : dans ce cas, il y a décomposition.

Si l'affinité était la même entre toutes les molécules élémentaires qui forment les divers corps, il n'y aurait qu'agrégation de matière et confusion de produits dans les opérations de l'art et de la nature. Mais chaque élément a ses affinités particulières ; il repousse toute combinaison avec l'un et en contracte de très intimes avec l'autre : tout se forme, tout se règle, tout s'assortit d'après cette différence. La reproduction uniforme des produits de la nature et les combinaisons de l'art dérivent de ce principe.

Il suit de ce qui précède qu'il ne peut y avoir combinaison durable qu'entre les éléments que leurs affinités rapprochent, et qu'il y a décomposition toutes les fois qu'on présente à un composé un élément qui, ayant plus d'affinité avec un des principes constituants, déplace l'autre.

On sent déjà combien il importe à celui qui veut étudier les opérations de l'art et de la nature, de connaître les degrés d'affinité qu'ont entre eux les divers éléments qui peuvent entrer dans les combinaisons.

Comme la chimie dispose à son gré de presque tous les agents que la nature emploie, elle peut la suivre dans son travail lors même qu'elle ne peut pas l'imiter dans tous ses produits. Elle connaît les matériaux qu'elle emploie, et peut souvent les lui fournir et faciliter son action ; elle peut prévenir ses transformations en détournant avec art les causes qui les produisent ; en un mot, l'action réciproque des corps est constamment réglée par les lois immuables de la nature ; mais le chimiste peut disposer à son gré de ces mêmes corps dont il connaît les affinités respectives ; il peut les combiner dans toutes les proportions, les soumettre à tous les degrés de température, les soustraire à l'action des agents extérieurs, augmenter ou diminuer l'énergie de chacun d'eux, et produire des résultats que la nature, dans sa marche constante et régulière, ne produit pas.

C'est en vertu de cette faculté que la chimie forme chaque jour de nouveaux composés et qu'elle a enrichi l'industrie et l'économie domestique d'une immense quantité de produits, qui, sans le secours de cette science, eussent toujours été inconnus.

III

La matière brute et inorganique n'obéit qu'aux lois dont je viens de parler ; tous les changements qu'elle éprouve, toutes les compositions et les décompositions qui ont lieu sont leur ouvrage. La chimie peut expliquer et prédire les résultats de leur action ; elle peut même opérer de nouvelles combinaisons.

Mais si la matière brute n'obéit qu'aux lois d'affinité, les corps vivants, indépendamment de ces lois physiques, sont soumis à des lois vitales qui modifient sans cesse l'action des premières.

Ces lois de la vitalité sont d'autant plus énergiques, elles dominent d'autant plus les lois d'affinité que l'organisation des corps est plus vitale ; c'est ce qui fait que le mode d'action dans les corps vivants échappe à nos recherches, et que, témoins de tout ce qui se passe dans ces corps, nous ne pouvons ni en expliquer, ni en imiter les produits.

La chimie a été bornée jusqu'ici à la connaissance des substances qui entrent dans l'animal et le végétal, pour leur servir de nourriture, et à étudier l'action de tous les agents qui contribuent à favoriser leurs fonctions. Elle connaît tout ce que ces corps s'approprient, tout ce qu'ils rejettent; mais l'élaboration dans les organes, la formation des produits, le mode d'accroissement sont et seront longtemps pour nous un mystère. Ce que nous savons sur les fonctions des corps vivants est déjà beaucoup, mais ce que nous ignorons est bien plus encore.

Les lois de la vitalité sont immuables comme toutes les lois naturelles; mais la différence d'organisation dans les corps vivants en varie et modifie l'action, de manière que les produits diffèrent dans chaque espèce et dans chacun de leurs organes. Cette variété de produits a de quoi nous surprendre, surtout si l'on considère que leur forme et que leurs qualités se renouvellent constamment chaque année et à chaque génération.

Les lois organiques ont donc posé des bornes que la science n'a pas pu franchir encore. Cependant elle est parvenue à s'ouvrir quelques pages sublimes des œuvres de la nature vivante, et elle en a fait d'utiles et nombreuses applications.

La plante vivante, fixée par sa racine sur un sol immobile, n'a point la faculté de se mouvoir pour aller chercher au loin les substances dont elle se nourrit; elle prend toute sa subsistance dans la terre et dans l'air qui l'entourent; elle travaille ses aliments dans ses organes; elle les décompose et en combine les éléments d'une manière toujours constante, toujours uniforme.

La plante morte se comporte différemment : tous les corps exercent sur elle une action physique absolue; l'organisation

n'en modifie plus les effets; les mêmes agents, tels que l'eau,
l'air et la chaleur, qui entretenaient ses fonctions lorsqu'elle
était vivante, concourent puissamment à la décomposer dès

OLIVIER DE SERRES

qu'elle est morte; et l'on ne peut prévenir cette complète
désorganisation qu'en la privant du contact et de l'action de
ces corps.

Ici la chimie reprend tous ses droits; elle connaît les

éléments qui entrent dans la composition de la plante morte; elle connaît le degré d'affinité qui les unit entre eux, et peut prédire les changements qui surviennent par l'action des agents externes qu'elle peut modifier à son gré.

J'ai donc cru qu'on pouvait dès ce moment appliquer les connaissances chimiques à l'agriculture. J'ai pensé qu'en connaissant mieux les corps sur lesquels on opère, en liant les faits constatés par l'expérience à une saine doctrine, en déterminant avec soin l'action et les effets de tout ce qui peut influer sur la végétation, on parviendrait à se faire des principes dont l'application pourrait accélérer les progrès du plus important de nos arts, dont le premier et illustre législateur en France, *Olivier de Serres,* a posé les principes généraux.

Toutes les sciences ont une marche naturelle de laquelle on ne doit jamais s'écarter : elles commencent par acquérir et constater des faits, et, lorsque ces faits sont bien avérés, on les compare entre eux et on en déduit des principes.

Les faits en agriculture sont déjà nombreux; mais les modifications apportées dans les résultats par la nature du sol, l'action des engrais, l'état de l'atmosphère, l'influence du climat, les variétés d'exposition sont-elles suffisamment constatées, et un fait observé dans un lieu se reproduira-t-il constamment dans un autre ?

Les faits isolés ne suffisent donc pas en agriculture pour établir des principes généraux. Il faut les avoir observés et vérifiés sous l'influence de tous les agents dont je viens de parler et connaître les modifications que chacun y apporte, pour pouvoir en tirer des conséquences générales et pratiques.

Si les agents de la végétation étaient constamment les mêmes, si leur action était uniforme partout, un seul fait bien observé formerait un principe applicable à toutes les localités, mais leur différence d'action modifie nécessairement les résultats. C'est ce qui fait qu'un genre de culture qui prospère dans un pays ne réussit pas dans un autre, et qu'un agriculteur qui veut essayer de nouvelles méthodes qui réussissent ailleurs est souvent trompé dans ses espérances, parce qu'il n'a pas pu réunir les mêmes causes de succès.

J'ai donc cru qu'un ouvrage sur les principes de l'agriculture n'aurait d'utilité réelle qu'autant qu'on y ferait connaître les propriétés et l'action de tous les agents qui influent sur ses opérations ; et, d'après cela, je n'ai dû m'occuper des méthodes usuelles ou des procédés en usage que pour en restreindre l'application aux cas où ils conviennent.

IV

Mais il ne suffit pas d'éclairer l'agriculture pour en accélérer les progrès. Le gouvernement a aussi sa tâche à remplir envers elle. Ce n'est que par les lumières et l'encouragement réunis qu'on peut lui assurer une prospérité durable.

L'agriculture est la source la plus pure et la plus féconde de la richesse d'un pays et du bien-être de ses habitants; c'est par son état plus ou moins florissant qu'on peut juger partout du bonheur des peuples et de la sagesse des gouvernements. L'éclat dont brillent les nations par l'industrie des ateliers peut être passager; la prospérité qui est établie sur une bonne culture du sol est seule durable.

Ces vérités doivent sans cesse être présentes à l'esprit des gouvernements et régler leur conduite.

Un gouvernement qui connaît ses vrais intérêts ne doit chercher qu'à faciliter et étendre la production, et à ouvrir aux produits des débouchés faciles; il doit protéger et faire respecter la propriété, prévenir les délits et garantir le propriétaire de vexations arbitraires.

Il doit modérer l'impôt de telle manière qu'il ne prenne au propriétaire qu'une portion de ce qui excède ses besoins ; car s'il en est surchargé, il ne lui reste ni les moyens d'améliorer ses cultures, ni le pouvoir de fournir largement à l'entretien de sa famille, ni la possibilité de renouveler ses bestiaux et d'en augmenter le nombre....

.... En favorisant la production, en perfectionnant les cultures, c'est moins l'agriculteur qui s'enrichit que le gouvernement qui augmente, par ce moyen, la matière imposable et reproduit ses droits sous toutes les formes, soit que la production soit employée directement aux usages domestiques, soit qu'elle alimente les ateliers de l'industrie.

.... Le gouvernement s'est souvent occupé d'opérer le défrichement des terres incultes qui couvrent encore notre sol; il a même fait à cet égard des tentatives directes et des dépenses considérables; il eût mieux fait de provoquer et d'encourager l'amélioration des terres qui sont en culture, il en eût infailliblement obtenu de meilleurs résultats; les entreprises dans un pays où la culture des bonnes terres n'est pas à sa perfection, doivent être du domaine de l'intérêt privé, qui ne manque pas de les exécuter pour peu qu'il y voit des chances favorables.

« Chaptal entre ici dans des considérations d'impôt et autres questions d'économie politique dans lesquelles nous ne le suivrons pas. Après avoir examiné les avantages et les désavantages du mouvement de la terre en France, il rentre dans le sujet qui doit seul nous occuper. »

La marche des progrès en agriculture, dit-il, est lente et doit l'être : la sagesse et la prudence veulent qu'on ne dévie des usages consacrés par le temps que lorsque les nouveaux ont reçu la sanction de l'expérience.

Le reproche que l'on fait chaque jour à l'homme des champs

de son indifférence à adopter de nouvelles méthodes ne me
paraît pas fondé : il veut d'abord voir et comparer, car il n'a
ni les lumières, ni les moyens nécessaires pour apprécier
d'avance par lui-même les avantages qu'on lui propose ; il conserve donc ses habitudes jusqu'à ce qu'un voisin plus riche et
plus éclairé lui présente, par une nouvelle culture, des résultats plus avantageux que les siens.

L'exemple est la seule leçon profitable au paysan. Lorsqu'on
le lui met sous les yeux et qu'il est convaincu, il ne tarde
pas à le suivre ; ce n'est que de cette manière que se propagent
les bonnes méthodes.

Les discordes civiles qui ont si longtemps agité la France,
ont porté un grand nombre de propriétaires à abandonner le
séjour orageux des villes pour aller s'établir dans leurs domaines et en diriger l'exploitation ; dès ce moment l'agriculture
s'est enrichie de leurs lumières et de leur fortune, et les saines
doctrines ont pénétré partout.

Il est bien à désirer que cette conduite trouve des imitateurs,
car elle ne peut avoir qu'une heureuse influence sur la prospérité agricole du pays.

Sans doute l'exploitation d'un grand domaine, dirigée par un
propriétaire éclairé, est favorable aux progrès de l'agriculture
et forme la plus douce, la plus utile et la plus noble des occupations ; mais si les améliorations ne compensent pas les avantages qu'a sur lui le fermier ou le petit propriétaire, il peut
compromettre ses intérêts : ces derniers travaillent eux-mêmes ;
ils sont constamment à la tête de leurs ouvriers ; ils vivent de
peu, fréquentent assidûment les foires et les marchés, achètent
et vendent à propos ; ils n'ont point de directeur à nourrir et
à payer ; leur femme surveille la basse-cour et le ménage ; ils
sont heureux lorsque, à la fin de l'année, ils trouvent en bénéfice le salaire de leur propre travail et de celui des membres de
la famille qui ont coopéré avec eux à l'exploitation.

Or les grands propriétaires qui font valoir par eux-mêmes ne jouissent d'aucun de ces avantages, et s'ils ne parviennent pas à y suppléer par la supériorité de leur industrie, ils doivent éprouver des pertes, là où le paysan trouve du bénéfice.

Il ne suffit pas d'ailleurs d'adopter de nouvelles méthodes pour s'assurer des succès : en agriculture, tout doit être calcul, et les opérations doivent s'y régler par recettes et par dépenses comme dans toutes les entreprises bien conduites. De belles récoltes peuvent aisément ruiner un propriétaire; l'agriculture n'exige que le nécessaire, elle repousse le superflu comme une espèce de luxe.

C'est pour ne s'être pas établis sur ces principes que l'on voit chaque jour de nouveaux propriétaires condamner, presque sans examen, des usages consacrés par le temps et accrédités par de bons résultats, introduire à grands frais des innovations, s'obstiner à y plier le sol et le climat qui les repoussent, et finir par abandonner leurs domaines après avoir épuisé leur fortune....

.... Quoique l'agriculture se soit enrichie de beaucoup de produits que nous fournissait l'étranger, il lui reste encore à s'en approprier quelques-uns et à multiplier la culture de la plupart de ceux qu'elle possède.

L'agriculture qui se borne à la production des céréales ne fournit qu'à une partie des besoins de la société; mais si elle embrasse dans ses exploitations les produits que le sol et le climat lui permettent de cultiver, elle verse dans les ateliers les matières premières de l'industrie et pourvoit à tous les besoins.

Le sort de l'agriculteur qui ne cultive qu'un genre de produits est toujours précaire : il dépend non seulement des chances de la récolte, mais encore des prix de vente et des besoins du consommateur; tandis que s'il présente une grande variété d'objets provenant de son sol, il est à peu près assuré d'obtenir un débit favorable de quelques-uns au moins d'entre eux.

C'est ainsi que dans le Midi, où, indépendamment des produits communs à tous les pays, le propriétaire a encore ses récoltes de vin, de soie et d'huile ; l'abondance de l'une de ces trois dernières dédommage de la médiocrité des autres.

Un autre avantage que doit retirer l'agriculteur de la variété de ses produits, c'est de pouvoir présenter à chacune de ses terres le végétal qui y convient le mieux et de les tenir toutes en bonne culture.

La culture des produits variés offre encore à l'agriculteur

Garance.

d'immenses ressources pour les assolements : là où on ne connaît que la culture des céréales, il est impossible d'établir un système d'assolement sagement combiné. Ce n'est, en effet, que sur une grande variété de produits qu'on peut fonder cette succession ou rotation de récoltes de nature différente, qui, conservant le terrain dans un état constant de fertilité, lui permet de produire sans interruption.

Déjà nous avons introduit la culture des prairies artificielles, des graines à huile et des racines fourragères (1); cette culture qui se propage présente les moyens de fournir des assolements.

Depuis longtemps notre agriculture produit du lin, du chanvre, de la garance, du houblon, etc., mais pas suffisamment pour nous empêcher d'être tributaires de l'étranger pour une grande partie de la consommation de ces produits qui se fait en France.

Pourquoi notre sol, sur de si grandes étendues propres à ces cultures, ne nous fournirait-il pas tout ce qui nous est nécessaire en ce genre?

La terre et les bras ne manquent pas, ou du moins ne devraient pas manquer à l'agriculture française; la variété des climats, la nature du sol, l'intelligence des habitants permettent de cultiver presque tout ce que réclament les besoins de la société. C'est un privilège que la France tient de sa position et qu'aucune autre nation ne peut partager avec elle.

.... En voulant éclairer l'agriculture par l'application des sciences physiques, j'ai dû éviter des écueils qui infailliblement m'eussent détourné du but que je me proposais d'atteindre.

Je n'ai pas dû perdre de vue que j'écrivais essentiellement pour l'agriculteur, et que, par conséquent, je devais rester clair, précis et toujours à portée de son intelligence, de son instruction et de ses moyens; pour me rapprocher de lui, j'ai souvent emprunté son langage, et presque toujours j'ai appuyé de son expérience les principes que j'établissais.

Convaincu qu'un procédé dont les effets sont connus est toujours préférable à des conceptions de pure théorie, j'ai constamment respecté l'expérience acquise et n'ai proposé de nouvelles méthodes qu'autant que leur supériorité sur les anciennes m'a paru suffisamment constatée.

(1) Chaptal ne parle pas ici de la culture de la betterave, parce qu'il lui consacre dans ses œuvres plusieurs mémoires spéciaux.

C'est surtout en agriculture qu'il convient d'être réservé sur les innovations. En général, l'agriculteur n'a pas assez de connaissances pour approprier à son sol et au climat dont il jouit des cultures étrangères, et il doit attendre que quelque voisin plus instruit que lui, lui offre l'exemple des améliorations ; il ne fait alors qu'imiter sans courir aucune mauvaise chance.

On me reprochera probablement de m'être permis quelques répétitions; mais j'avoue franchement que je n'ai pas cru devoir les éviter. Dans un ouvrage de la nature de celui-ci, les matières que l'on a à traiter peuvent bien se présenter sous différentes formes ; mais les phénomènes découlent toujours des mêmes principes, et souvent leur explication ne comporte que quelque légère nuance dans l'expression. J'ai donc traité chaque question d'une manière absolue et presque indépendante : j'ai rappelé à la mémoire tous les faits qui pouvaient éclaircir la matière, et j'en ai déduit les principes qui doivent diriger l'agriculture dans sa marche. Et pour cela, je n'ai pas craint de répéter la même vérité chaque fois que je l'ai jugé convenable.

Cet ouvrage n'est point parfait, et mieux qu'un autre j'en connais les imperfections; mais tel qu'il est, je le crois utile. A mesure que les sciences physiques feront des progrès, on en déduira de nouvelles applications à l'agriculture, et l'on rectifiera celles qui peuvent être erronées. Le célèbre Davy a déjà publié une chimie agricole où j'ai puisé d'excellents principes; d'autres viendront après nous et feront mieux que nous.

Jusqu'ici les applications des sciences physiques à l'agriculture ont été peu nombreuses, si on les compare à celles qu'on en a faites à plusieurs arts qu'elles ont de nos jours créés ou perfectionnés. Cette différence me paraît pouvoir être rapportée à deux causes principales : la première, c'est que la plupart des phénomènes que nous offre l'agriculture sont des effets des lois vitales qui régissent les fonctions du végétal, et ces lois nous sont encore inconnues, tandis que dans les arts qui s'exercent sur la matière brute et inanimée, tout se règle, tout se produit par l'action seule des lois physiques ou de simple affinité que nous connaissons; la seconde, c'est que pour appliquer utilement les connaissances physiques à l'agriculture, il faut l'avoir profondément étudiée, non seulement dans la calme méditation du cabinet, mais encore et surtout dans les champs.

Quoique propriétaire de grands domaines dont j'ai longtemps dirigé l'exploitation, je sens que les faits que j'ai pu recueillir sur divers objets sont encore insuffisants pour former des principes incontestables, et je me borne, dans tous les cas, à présenter des doutes ou de simples probabilités.

Je puis avoir commis des erreurs dans mes explications, mais je ne crois pas avoir altéré un seul fait, et c'est dans cette confiance que je livre cet ouvrage à l'agriculteur.

« Nous avons cru devoir reproduire *in extenso,* ce discours préliminaire, non seulement pour mettre en lumière le style, l'ordre, la clarté qui distinguent dans toutes ses parties l'enseignement de Chaptal, mais surtout parce qu'il présente l'ensemble, ou plutôt le résumé le plus complet de l'art agricole dans les avantages qu'il offre à la société, dans le but qu'il doit poursuivre, dans les moyens qu'il doit employer pour arriver à ce but.

» Quand Chaptal, vers la fin de son discours, dit : *d'autres viendront qui feront mieux que nous,* il a raison et il se trompe.

» D'autres sont venus, en effet, qui ont développé son œuvre, qui l'ont même améliorée en y introduisant des observations nouvelles, des faits nouveaux, en un mot, des données scientifiques plus complètes et une expérience plus mûre; mais « ils n'ont pas fait mieux, » parce que ce n'était pas possible.

» Et cela est si vrai que, de même que pour la teinture les œuvres des deux savants qui nous occupent dans le présent volume sont restées comme base de tout ce qui a été fait après eux, la *chimie appliquée à l'agriculture* n'a subi, dans les travaux du même genre qui se sont succédé depuis, que des modifications de détail, des développements, voire même quelques théories nouvelles ; mais dans l'ensemble, les principes fondamentaux sont restés les mêmes, les vues principales et l'enchaînement des faits n'ont pas varié.

» Le lecteur en aura la preuve en jetant un simple coup d'œil sur les matières traitées dans les deux volumes. Chap. I. *Vues générales sur l'atmosphère considérée dans ses rapports avec la végétation.* — II. *De la nature des terres et de leur action sur la végétation.* — III. *De la nature et de l'action des engrais.* — IV. *De la germination.* — V. *De la nutrition des plantes.* — VI. *Des amendements du sol.* — VII. *Des assolements.* — VIII. *Tableau des produits de l'agriculture française.* — IX. *De la nature et des usages des produits de la végétation.* — X. *De la conservation des substances animales et végétales.* — XI. *Du lait et de ses produits.* — XII. *De la fermentation.* — XIII. *De la distillation.* — XIV. *Moyens de préparer des boissons saines pour les habitants de la campagne.* — XV. *Des habitations rurales pour les hommes et pour les animaux.* — XVI. *De la culture du pastel et de l'extraction de son indigo.* — XVII. *De la culture de la betterave et de l'extraction de son sucre.*

» En examinant cet ensemble rationnel et méthodique, et, étant donné l'indiscutable génie de Chaptal, sa grande autorité en la matière et la clarté de ses explications, on en arrive à conclure que le meilleur travail qui puisse, sur le même sujet, être offert aux habitants des campagnes et suivi dans les nombreuses écoles primaires où est établi aujourd'hui l'enseignement agricole, serait une édition nouvelle de la *Chimie appliquée à l'agriculture*, mise au niveau des découvertes et des procédés qui sont intervenus depuis en chimie et en agriculture.

» Un des chapitres les plus courts de l'ouvrage de Chaptal

dont il est ici question, et en même temps un des plus importants et des plus intéressants, est celui que l'auteur a consacré aux assolements, question à peu près neuve à son époque et aujourd'hui complètement entrée dans la pratique agricole de toutes nos provinces. C'est donc en cette partie surtout du travail de Chaptal que le temps a dû apporter des développements et des modifications.

» Et cependant, tel que nous allons le présenter au lecteur, ne pourrait-il pas être avantageusement placé entre toutes les mains ? »

DES ASSOLEMENTS

La terre sert de support à presque tous les végétaux ; il en est quelques-uns dont la graine, déposée sur les arbres par les vents ou les oiseaux, s'y développent et parviennent à leur accroissement naturel, tels sont le gui, les mousses, etc. ; il en est d'autres qui flottent sur les eaux, parmi lesquelles nous citerons, comme étant les plus communes, les *roseaux*, et les plus curieuses, les *valisnéries* et les *flèches d'eau;* d'autres enfin qui s'établissent sur des rochers arides, sur des ardoises ou des tuiles sèches ; les plantes grasses sont de ce dernier genre.

La terre est le support du plus grand nombre des végétaux, et son influence sur la végétation forme une des questions les plus importantes et les plus difficiles qu'on puisse traiter.

Les plantes ne sont point, comme les animaux, susceptibles de locomotion : fixées pour toujours sur une portion de sol déterminée, elles sont condamnées à tirer, pour fournir à tous leurs besoins, leurs ressources de l'espace étroit qu'elles occupent ; elles ne peuvent mettre à contribution que la petite partie d'air, d'eau et de terre qui les entoure et les touche ; il faut donc qu'elles trouvent autour d'elles les principes nutritifs nécessaires à leur accroissement et à l'exercice de toutes leurs fonctions ; il faut encore qu'elles puissent convenablement étendre leurs racines pour aller pomper au loin des sucs nourriciers, et s'établir d'une manière solide dans la terre,

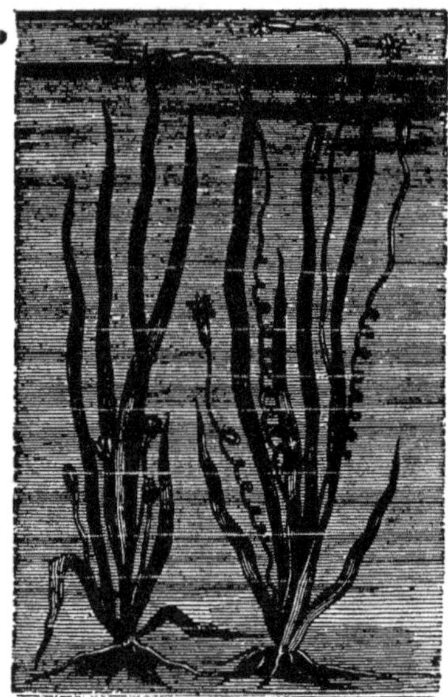

Valisnéries.

afin de n'être pas déracinées par les vents ou desséchées par les chaleurs.

Ces conditions indispensables pour assurer une bonne végétation ne se rencontrent pas toujours dans le sol consacré à la culture ; il est donc nécessaire d'examiner la nature des terres que l'on a à cultiver.

Avec des soins extrêmes, des dépenses énormes et des engrais sans mesure, on peut forcer, il est vrai, un sol à produire toutes sortes de récoltes; mais ce n'est pas en cela que doit consister la science de l'agriculteur.

L'agriculture ne doit pas être traitée comme un objet de luxe, et toutes les fois que le produit ne paie pas largement les soins et la dépense, le système que l'on suit est mauvais.

Un bon agriculteur étudie d'abord les dispositions de son sol pour connaître les plantes qui lui conviennent le mieux; et il acquiert aisément cette connaissance par la nature de celles qui y croissent spontanément, ou par des expériences faites sur le terrain même ou sur des terres analogues dans le voisinage.

Mais il ne se borne pas à cultiver au hasard des plantes convenables et appropriées au sol et au climat; un sol cesserait bientôt de produire si on lui confiait chaque année les mêmes plantes ou des plantes de nature analogue.

Pour avoir des succès constants, il faut varier les genres de végétaux et les faire succéder l'un à l'autre avec intelligence, sans jamais introduire ceux qui ne sont pas propres au sol.

C'est cet art de varier les récoltes sur le même terrain, de faire succéder l'un à l'autre des végétaux différents et de connaître l'effet de chacun sur le sol, de manière à établir un bon ordre de succession, qui constitue *l'assolement*.

Un bon système d'assolement est, à mes yeux, la meilleure garantie de succès que puisse se donner l'agriculteur; sans cela, tout est vague, hasardeux, incertain.

Pour établir ce bon système d'assolement, il faut avoir des connaissances qui manquent malheureusement à la plupart de nos agronomes.

Je vais rapprocher des faits et poser quelques principes qui serviront de guide dans cette importante opération de l'agriculture.

PREMIER PRINCIPE. — *Toute plante épuise le sol.* — La terre sert de support à la plante, les sucs dont elle est imprégnée forment ses principaux aliments. L'eau sert de véhicule aux sucs; elle les charrie dans les organes ou les présente aux suçoirs des racines qui les absorbent. Les progrès de la végétation appauvrissent donc constamment le sol, et si les sucs nutritifs n'y sont pas renouvelés, il finit par devenir stérile.

Ainsi, une terre bien pourvue d'engrais peut nourrir successivement quelques récoltes; mais on les verra dégénérer promptement jusqu'à ce que la terre soit complètement épuisée.

Deuxième principe. — *Toutes les plantes n'épuisent pas*

Flèches d'eau.

également le sol. — La plante se nourrit par l'air, l'eau et les sucs contenus dans le sol; mais les divers genres de végétaux n'y puisent pas une égale quantité de nourriture. Il y a des plantes qui ont besoin d'avoir constamment les racines dans l'eau; d'autres se plaisent dans les terres arides; plusieurs enfin ne prospèrent que dans les meilleurs sols enrichis d'engrais.

Les céréales et la plupart des graminées poussent de longues tiges où domine le principe fibreux; elles sont garnies, à la base, de quelques feuilles dont le tissu serré et le peu de surface ne leur permet pas d'absorber beaucoup ni dans l'eau, ni dans l'air. Les racines tirent du sol la principale nourriture de la plante ; la tige fournit de la litière ou un aliment pour les animaux, de sorte que ces plantes épuisent le sol sans le réparer sensiblement, ni par les tiges qu'on coupe pour les faire servir à des usages particuliers, ni par des racines qui restent il est vrai dans la terre, mais desséchées et épuisées par la fructification.

Les plantes, au contraire, qui sont pourvues d'un système de grandes feuilles grasses, larges, spongieuses, toujours vertes, soutirent de l'atmosphère l'acide carbonique et l'oxygène, et pompent de la terre les autres substances dont elles se nourrissent ; si on les coupe en vert, la déperdition des sucs contenus dans le sol est moins sensible, parce qu'ils lui sont restitués en partie par les racines. Presque toutes les plantes que l'on cultive comme fourrage sont de ce genre.

Il y a des plantes qui, quoique généralement destinées à produire de la graine, épuisent moins le sol que les céréales ; c'est la nombreuse famille des légumineuses : celles-ci tiennent le milieu entre celles des deux classes dont je viens de parler. Leurs racines pivotantes ameublissent le sol ; leurs feuilles larges et leurs tiges épaisses, lâches, spongieuses, absorbent aisément l'air et l'eau. Ces parties conservent longtemps les sucs dont elles sont imprégnées et les rendent tous au sol lorsqu'on enterre la plante avant sa maturité. Dans ce dernier cas, le champ est encore disposé à recevoir et à nourrir une bonne récolte de céréales. Les fèves produisent éminemment cet effet ; les cosses, surtout celles des pois, possèdent cette vertu à un moindre degré.

En général, les plantes qu'on coupe en vert au moment de la floraison, de quelque nature qu'elles soient, épuisent peu le sol ; elles ont pris, jusqu'à cette époque, presque exclusivement dans la terre, l'eau et l'atmosphère, les éléments de leur nutrition. Leurs tiges et leurs racines sont chargées de sucs, et les parties qu'on laisse dans la terre après leur fauchaison lui rendent tout ce qu'elles en avaient extrait pour leur propre nourriture.

Du moment que la graine commence à se former, le système de nutrition change : la plante continue à puiser non seulement dans la terre et l'atmosphère pour développer ses fruits, mais

Racines pivotantes (carotte).

a. Tige et ombelle. — *b*. Racine. — *c*. Racine coupée. — *d*, *e*, *f*. Pistil, étamines, ovaire. — *g*. Fleuron détaché de l'ombelle.

elle pompe encore les sucs qu'elle avait déposés dans ses tiges et dans ses racines pour concourir à leur formation; c'est dans ce moment que les tiges et les racines se dessèchent. Lorsque les fruits sont parvenus à maturité, le squelette du végétal, abandonné à la terre, ne lui rend qu'une faible partie des sucs qu'il en avait retirés.

Les graines huileuses épuisent plus le sol que les graines farineuses; l'agriculture ne saurait employer trop de soins pour purger son sol de quelques mauvaises herbes de cette nature qui s'en emparent avec tant de facilité, surtout de la moutarde sauvage, *sinapis arvensis*, dont les champs cultivés sont très souvent couverts.

TROISIÈME PRINCIPE. — *Les plantes de différents genres n'épuisent pas le sol de la même manière.* — Les racines des plantes de même espèce ou de la même famille tracent dans le sol de la même manière, elles pénètrent à une égale profondeur, elles s'étendent à la même distance et épuisent toute la partie qu'elles embrassent ou qu'elles atteignent.

Les racines sont d'autant plus divisées qu'elles se logent plus près de la surface et qu'elles occupent moins d'étendue dans le terrain.

Si les racines sont pivotantes et qu'elles plongent à une grande profondeur, elles jettent peu de radicules sur leur surface, et vont chercher au loin la nourriture pour alimenter la plante.

J'ai eu souvent la preuve de ce que j'avance, et je n'en donnerai qu'un exemple : lorsqu'on transplante un navet ou une betterave et qu'on coupe la pointe de la queue, la racine, ne pouvant plus gagner la profondeur du sol pour y aller puiser sa nourriture, se recouvre, sur toute sa surface, de filaments ou radicules qui s'étendent à une certaine distance et prennent, dans la première couche du terrain, les sucs nutritifs qui y sont contenus; la racine s'arrondit au lieu de s'allonger.

Les plantes n'épuisent donc que les parties du sol où leurs racines peuvent atteindre; et une racine pivotante peut trouver une abondante nourriture dans un terrain dont une plante à racine traçante et courte aura épuisé la surface.

Les racines de plantes de même espèce, et celles de leurs analogues, prennent toujours la même direction dans un sol qui leur permet un libre développement. Elles parcourent et usent la même couche de terrain : aussi voit-on prospérer rarement des arbres qu'on fait succéder à d'autres arbres de même espèce, à moins qu'on n'ait laissé s'écouler un temps convenable pour décomposer les racines des premiers et donner un nouvel engrais à la couche de terre.

Pour prouver que les différents genres de plantes n'épuisent pas le sol de la même manière, il me suffirait peut-être de faire observer que la nutrition des végétaux n'est pas un effet purement mécanique ; que la plante n'absorbe pas, indistinctement et dans les mêmes proportions, tous les sels et tous les sucs qu'on lui présente, et que, soit que la vitalité ou la conformation des organes influent sur l'action nutritive, il y a goût et choix de sa part.... Ainsi, pour les plantes comme pour les animaux, il y a des aliments communs à tous et des aliments particuliers pour quelques espèces. Cette vérité est mise hors de doute par le choix que font les plantes de certains sols, de préférence à d'autres.

Quatrième principe. — *Toutes les plantes ne rendent pas au sol la même quantité ni la même qualité d'engrais.* — Les plantes qui végètent sur un sol en épuisent plus ou moins les sucs nutritifs, mais toutes y laissent quelques dépouilles qui en réparent en partie les pertes.

On peut placer les céréales et les oléagineuses à la tête de celles qui épuisent le plus et qui réparent le moins. Dans les pays où l'on arrache les plantes, elles ne rendent absolument rien à la terre qui les a nourries.

D'autres plantes, qui grainent sur le sol, consomment à la vérité une grande partie des engrais qui y sont déposés ; mais les racines de quelques-unes ameublissent le sol à une grande profondeur ; elles couvrent sa surface des feuilles qui se détachent de la tige.

Les plantes semées et cultivées en rayons, telles que les racines et la plupart des légumineuses, laissent entre elles de grands intervalles qui se remplissent d'herbes étrangères ;

mais on nettoie le sol par des sarclages répétés, et, par ce moyen, on le conserve assez riche en engrais pour recevoir une autre récolte, surtout lorsque la plante ne graine pas.

Les graines des mauvaises herbes sont souvent mêlées avec les semences que l'on confie à la terre, et on ne saurait employer trop de soins pour en purger celles-ci. Plus souvent elles sont apportées par les vents, déposées par les eaux, ou semées avec le fumier des animaux et autres engrais.

On ne saurait trop blâmer l'imprévoyance de ces agriculteurs qui laissent debout dans les champs les chardons et autres plantes nuisibles. Chaque année, ces plantes reproduisent sur le sol de nouvelles semences qui l'épuisent, et elles s'y multiplient à tel point, qu'il devient presque impossible, par la suite, d'en purger le terrain.

On porte cependant, en certains pays, la négligence à cet égard jusqu'à moissonner les céréales tout autour des chardons, et on laisse ces derniers sur pied pour leur permettre d'accomplir librement leur végétation : combien il serait avantageux de couper toutes ces plantes avant leur floraison et de les faire pourrir pour ajouter aux engrais d'une ferme !. .

. . . .

Des principes que je viens d'établir, on peut tirer les conséquences suivantes : chaque espèce de sol veut un assolement particulier, et chaque agriculteur doit établir le sien d'après une connaissance parfaite de la nature et des propriétés de la terre qu'il a à cultiver.

Comme dans chaque localité le sol présente des différences, plus ou moins prononcées selon l'exposition, la profondeur, la composition, etc., le propriétaire doit varier ses assolements et en établir de particuliers pour chaque sorte de terrain.

Les besoins des localités, l'écoulement plus ou moins facile des produits, la valeur comparée des diverses récoltes, doivent encore entrer comme éléments dans la détermination de l'agriculteur.

Ainsi en Angleterre et dans quelques pays du Nord, le retour de l'orge revient fréquemment dans les assolements, parce que ce grain y trouve une consommation assurée dans les nombreuses brasseries qui y existent. En Belgique, sur les bords du Rhin, en Russie, le seigle est généralement cultivé, parce que les immenses distilleries d'eau-de-vie de grain et le besoin de nourrir un grand nombre d'animaux avec le marc ou la drèche lui donnent un écoulement sûr et avantageux. La culture des plantes tinctoriales, telles que la gaude et la garance, sera plus avantageuse dans le voisinage des grands ateliers de teinture que dans les pays qui n'en offrent aucune consommation. En France, où l'abondance du vin ne permet pas d'espérer un grand débouché pour la bière; en France, où la plus grande partie du peuple est accoutumé à faire sa principale nourriture du pain de froment, on cultive de préférence le blé partout où il peut croître, et on ne destine à la culture des autres grains que les sols de qualité médiocre.

Avant d'arrêter son système d'assolement, l'agriculteur doit encore peser une autre considération. Quoique ses terres puissent être très propres à un genre de culture, son intérêt peut ne pas lui permettre de s'y livrer : plus une denrée est abondante, plus le prix en est avili; on doit donc préférer celle dont le débit est assuré; si ce produit ne se consomme pas sur les lieux, il faut alors calculer les frais de transport et la facilité de la vente dans les pays de consommation.

Un propriétaire doit pourvoir largement aux besoins des animaux et des hommes qui vivent sur le domaine, avant de s'occuper de produire de l'excédant. Il disposera donc ses assolements de manière que sa terre lui présente en tout temps une variété de récoltes, qui assurent la subsistance de tout ce qui est employé à l'exploitation.

Un agriculteur intelligent doit travailler à diminuer les transports lorsque les terres sont éloignées de l'habitation; il donnera donc la préférence pour celles-ci aux récoltes en fourrages et en racines qu'il peut faire manger sur place par ses bestiaux, et à celles qu'il a le projet d'enfouir.

Il faut avoir encore l'attention, lorsqu'on sème sur des terres légères et disposées en pente, de n'employer que des végétaux qui recouvrent le sol par leurs feuilles nombreuses, qui en relient toutes les parties par leurs racines, et qui ainsi le préservent à la fois du dégât des fortes pluies qui l'entraînent, et de l'ardeur directe du soleil qui le dessèche....

« Nous ne suivrons pas Chaptal dans le détail des assolements qu'il indique. Nous nous bornerons à reproduire quelques-unes des réflexions dont il les accompagne. »

On voit, dit-il, qu'en faisant alterner les plantes épuisantes avec celles qui le sont moins, et en remplaçant celles qui salissent par celles qui nettoient grâce aux sarclages qu'elles réclament, on obtient d'admirables résultats.

C'est ainsi, par exemple, que dans toute la Belgique, du côté de la mer, on a su féconder des sables naturellement stériles, à tel point qu'ils sont aujourd'hui aussi fertiles que les meilleures terres et qu'on leur fait produire de bonnes récoltes.

.... Dans la couche de sable aride qui couvre la Campine, on voit, non sans étonnement, avec quel succès l'industrieux habitant a su vaincre tous les obstacles et fertiliser le sol....

Dans un voyage que je fis avec Napoléon, en Belgique, je l'entendis exprimer sa surprise, à un conseil général de département, de ce qu'il venait de parcourir une vaste étendue de terrain en bruyères.

Il lui fut répondu : *Donnez-nous un canal pour y transporter nos engrais et en extraire nos produits, et en cinq ans ce pays stérile sera couvert de récoltes.*

Le canal fut exécuté de suite, et la promesse des habitants réalisée en moins de temps qu'ils n'en avaient demandé....

« Après avoir cité cet exemple, Chaptal termine par quelques règles générales que nous croyons utile de populariser. »

Dáns l'intérieur de la France, où, dit-il, les fourrages forment la principale nourriture des animaux et ne peuvent pas y être suppléés ou remplacés par la drèche des brasseries ou des distilleries de grains, comme dans les pays du Nord où ces résidus forment presque leur unique aliment, on doit beaucoup plus s'occuper de la culture des fourrages et les intercaler plus souvent avec celle des céréales.

Dans toutes les terres compactes et un peu argileuses que je possède, lorsqu'elles sont profondes, après les avoir bien fumées, j'ouvre mon assolement par les betteraves auxquelles succède le blé, que je sème immédiatement après les avoir arrachées et sans labour intermédiaire; je remplace le blé par des prairies artificielles et celles-ci par de l'avoine. Lorsque ces terres sont de très bonne qualité, je fais suivre le blé par une luzerne qui, à son tour, est remplacée par les céréales et les racines.

Dans les terres légères, profondes, sablonneuses, mais fraîches, telles que celles des bords de la Loire qui sont submergées une ou deux fois pendant l'hiver, je sème d'abord des vesces d'hiver qui y produisent abondamment, et je les remplace par des betteraves.

Indépendamment du besoin que j'ai des betteraves pour alimenter ma fabrique de sucre, je crois que la culture de cette plante, comme fourrage, est la plus avantageuse de toutes. On peut nourrir les bestiaux avec les feuilles pendant les mois d'août et de septembre, en ne cueillant que celles qui sont parvenues au terme de leur accroissement, et la racine offre la ressource de vingt à trente milliers de nourriture par arpent de Paris, soit plus de quarante milliers par hectare.

Les terres de première qualité, c'est-à-dire celles qui possèdent ou réunissent, à une bonne composition terreuse, la profondeur, l'exposition et des engrais convenables, peuvent recevoir dans leur assolement toutes les plantes qui conviennent au climat; mais il n'en est pas de même des sols qui ne jouissent pas de toutes ces qualités.... En résumé, les assolements bien raisonnés doivent économiser les labours, les fumiers, les transports, etc.; ils doivent fournir les moyens d'élever et d'engraisser un plus grand nombre de bestiaux, et améliorer le terrain à tel point qu'il change de nature, et qu'on puisse parvenir à cultiver les plantes les plus délicates et les plus exigeantes dans un sol originairement ingrat ou stérile.

Un bon système d'assolement donne seul la garantie d'une prospérité durable en agriculture.

Racines tuberculeuses.

TABLE DES MATIÈRES

TABLE DES VIGNETTES

CONTENUES DANS CE VOLUME

— Lille. Typ. J. Lefort. 188? —

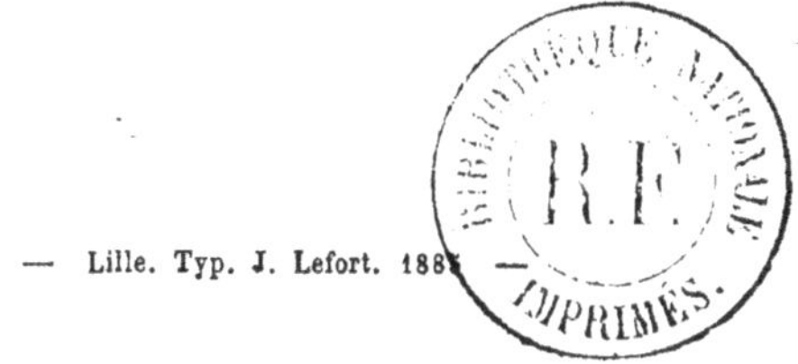